# 互联网信息安全问题的防范与对策

郑 颖 著

北京工业大学出版社

图书在版编目（CIP）数据

互联网信息安全问题的防范与对策 / 郑颖著. —北京：北京工业大学出版社，2018.12（2022.5重印）

ISBN 978-7-5639-6684-4

Ⅰ. ①互… Ⅱ. ①郑… Ⅲ. ①互联网络－信息安全－研究 Ⅳ. ① TP393.408

中国版本图书馆 CIP 数据核字（2019）第 023885 号

## 互联网信息安全问题的防范与对策

著　　者：郑　颖
责任编辑：张　贤
封面设计：点墨轩阁
出版发行：北京工业大学出版社
　　　　　（北京市朝阳区平乐园 100 号　邮编：100124）
　　　　　010-67391722（传真）　bgdcbs@sina.com
经销单位：全国各地新华书店
承印单位：三河市明华印务有限公司
开　　本：787 毫米×1092 毫米　1/16
印　　张：12
字　　数：240 千字
版　　次：2018 年 12 月第 1 版
印　　次：2022 年 5 月第 3 次印刷
标准书号：ISBN 978-7-5639-6684-4
定　　价：50.00 元

版权所有　翻印必究

（如发现印装质量问题，请寄本社发行部调换 010-67391106）

# 前　言

互联网自诞生以来，就以其不可抵挡的影响力渗透到社会各个领域当中，在人们生产和生活的方方面面发挥着不可替代的作用。互联网的兴起极大地丰富了人们的生活，使人们可以随时享受到信息社会带来的快捷与便利，但随之而来的网络信息安全问题也越来越引起人们的担忧和重视。近年来，个人信息泄露、垃圾邮件、钓鱼网站、有害信息传播等互联网信息安全问题日益突出，尤其是美国"棱镜"计划的曝光，更是引起了人们对于网络信息安全的关注热潮，使网络安全的重要性被提到全新高度，因此如何保障网络安全运行已成为全社会关注的焦点，也是关系到网络能否生存的重大问题。

本书针对互联网信息安全问题的防范与对策进行了研究，首先对互联网信息安全进行了相关概述；其次分别从互联网信息安全控制机制与评价、互联网信息安全保障机制以及中外互联网信息安全法制建设比较三个方面对现阶段互联网信息安全情况进行了探讨；最后从我国互联网经济信息安全问题、移动互联网的信息安全问题、个人互联网信息安全问题、城市互联网信息安全问题以及国家互联网信息安全问题的角度对我国互联网信息安全问题的防范与对策进行了详细分析。

本书共9章约20万字，由中共石家庄市委党校郑颖撰写。作者在撰写的过程中，吸收了一些专家、学者的研究成果和著述内容，在此表示衷心的感谢。由于编者水平有限，书中难免会出现不足，恳请广大读者批评指正！

郑　颖

2018年8月

# 目 录

**第一章　互联网信息安全概述** ……………………………………… 1
　　第一节　互联网信息安全的相关理论 ……………………………… 1
　　第二节　我国互联网信息安全的现状 ……………………………… 8

**第二章　互联网信息安全控制机制与评价** ………………………… 17
　　第一节　互联网信息安全控制机制概述 …………………………… 17
　　第二节　互联网信息安全存在问题及其成因 ……………………… 21
　　第三节　互联网信息安全控制机制的构建 ………………………… 23

**第三章　互联网信息安全保障机制** ………………………………… 33
　　第一节　我国互联网信息安全保障的现状 ………………………… 33
　　第二节　国外互联网信息安全管理经验的启示 …………………… 38
　　第三节　完善互联网信息安全保障机制的建议 …………………… 41

**第四章　中外互联网信息安全法制建设比较** ……………………… 51
　　第一节　互联网信息安全立法概述 ………………………………… 51
　　第二节　中外互联网信息安全法制建设比较 ……………………… 57
　　第三节　我国互联网信息安全法制建设的完善 …………………… 74

**第五章　我国互联网经济信息安全问题的防范与对策** …………… 81
　　第一节　互联网经济的相关概述 …………………………………… 81
　　第二节　我国互联网经济信息安全的现状及原因 ………………… 84

第三节　国外政府相关政策措施及对我国的启示 ································ 98

第四节　我国保障互联网经济信息安全的建议 ···································· 99

## 第六章　移动互联网信息安全问题的防范与对策 ···························· 105

第一节　移动互联网信息安全概述 ···················································· 105

第二节　国外移动互联网公共信息安全管理经验的启示 ···················· 107

第三节　移动互联网公共信息安全问题防范对策 ······························ 111

## 第七章　个人互联网信息安全问题的防范与对策 ···························· 115

第一节　个人互联网信息安全的内涵与特点 ······································ 115

第二节　个人互联网信息安全管理存在的问题及原因 ······················· 122

第三节　国外个人互联网信息安全管理的经验与启示 ······················· 129

第四节　完善个人互联网信息安全管理的建议和对策 ······················· 132

## 第八章　城市互联网信息安全监管问题 ············································ 139

第一节　城市互联网信息安全监管概况 ············································· 139

第二节　城市互联网信息安全监管问题 ············································· 142

第三节　对城市互联网信息安全监管问题的防范 ······························ 146

## 第九章　国家互联网信息安全问题的防范与对策 ···························· 153

第一节　互联网对国家信息安全的影响 ············································· 153

第二节　理性主义视角下的国家信息安全观 ······································ 166

第三节　系统论和建构主义在国家信息安全战略中的应用 ················ 175

## 参考文献 ································································································ 183

# 第一章 互联网信息安全概述

互联网是20世纪人类文明的辉煌成果。经过多年的发展，其已经从一个学术和军事的专用网络演变为全球重要的信息基础设施，渗透到政治、经济、贸易、文化、媒体、教育等各个社会领域并产生巨大的影响。互联网提高了社会的运转效率和生产力水平，给人们的工作、生活带来了极大的便利，已经成为人类社会必不可少的组成部分。互联网发展是一个独特的历程。最初，互联网的发展重视发挥民间团体、私营部门和个体的作用，注重不受传统现实社会约束限制的个性，鼓励创新精神，注重规则的效率、开放性和有效性，强调没有政府参与和限制的自由和平等。这种管理模式在互联网发展初期，对于全球互联网的繁荣和发展的确曾起到积极的推动作用。但是随着互联网的快速发展壮大，其已经演变为重要的全球信息基础设施，并已经全面渗透到社会的各个方面，关系到国家的主权和公众的利益，涉及众多公共政策，如应对和打击垃圾邮件、网络犯罪，消费者权益保护以至国家的政治与经济安全等问题。

## 第一节 互联网信息安全的相关理论

互联网以其开放、平等的管理和运营模式为人们提供了互动的平台。也正是由于这个特点，使得互联网迅速渗入了人类社会生活的各个方面，由互联网所带来的社会变革，以超乎人们想象的威力和速度冲击着社会的各个方面。现在，各种传统媒体（包括报纸、杂志、广播电台、电视台、通信社等）都已经开始进军网络传媒，这也使得互联网逐渐变成了语音、数据和视频等业务统一承载的网络，成为现代社会最重要的信息基础设施之一。但是，这种进步在带来巨大好处的同时,也为互联网带来了不少"致命弱点",使得互联网业务难以控制、管理、运营,并且使其安全性难以得到保证。互联网的本质是实现信息的传播,而实现传播首先要有信息,因此保障互联网信息内容的安全是关键。由于互联网的开放性与匿名性特征,普通的网民无从了解发布信息者的真实身份,其信息的真实性也难以考证。以新闻信息为例,虚假的新闻歪曲事实,误导舆论,将带来不良的社会影响。互联网信息安全保障机制就是实现对网络信息内容的规范,禁止非法信息、有害信息、虚假信息的网上泛滥,保证网络信息的合法性、真实性,促进互联网信息内容健康、有序发展。

# 一、互联网信息安全问题的提出

## (一)互联网发展背景

互联网始于一个政府项目。20世纪60年代,美国政府资助有关机构开发了国防高级研究计划局网(一个旨在应对核武器攻击的通信网络),该网络的建成和不断发展标志着计算机网络发展的开端。1986年,美国国家科学基金会(NSF)资助建成了基于TCP/IP技术的主干网NSFNET,连接美国的若干超级计算中心、主要大学和研究机构,自此世界上第一个互联网产生,并迅速连接到世界各地。1994年,我国正式通过美国Sprint公司连入互联网的64K国际专线,从此中国被国际上正式承认为真正拥有全功能互联网的国家。

根据美国墨西哥大学教授罗杰斯的创新扩散理论,新事物的发展通常呈现"S"形,当普及率在10%~20%时,扩散过程会加快,直至达到一定数量之后才会慢下来。中国正处于网民快速增长的阶段。目前,网络电话(VOIP)、"点对点"(P2P)网络技术,通过IP宽带网传送的电视类业务(IPTV),即时通信和搜索引擎等新技术新业务的出现,对互联网监管提出了更高的要求。

由于美国政府资助了早期的互联网开发,因此网络域名与地址的监管职责一直是由美国政府授权下成立的"互联网域名和地址分配机构"(ICANN)在承担,该机构直接向美国商务部负责。由于互联网是一个开放的系统,而ICANN仅向美国商务部负责,因而缺乏代表性。同时,由于与美国政府的特殊关系,其他国家认为ICANN存在技术上遏制别国的可能。如果将互联网域名的管理权限移交联合国,对于一些发展中国家而言,有关域名的申诉或纠纷解决问题也将更为公正。于是一个由联合国成立相关机构取代ICANN，负责监管互联网域名系统的建议已经成为当前的热门话题。

域名系统作为整个互联网世界的入口，是整个互联网稳定运行的基础，域名根服务器是整个域名体系最基础的支撑点。目前，全球互联网有13个域名根服务器，其中1个为主根服务器，由美国负责运营维护，其余12个均为辅根服务器。每天域名主根服务器列表会被复制到位于世界各地的其他12个服务器上。所有的根服务器均由美国政府授权的互联网域名与地址管理机构ICANN统一管理，负责全球互联网域名根服务器、域名体系和IP地址等的管理。

经过之前的叙述可知，互联网的一个主要弱点就是其完全依赖于使用根服务器的域名系统（DNS）。根服务器掌握着国际顶级域名的所有授权细节，保证互联网的稳定性是域名系统的首要任务。2005年7月1日美国政府宣布，基于日益增长的互联网安全威胁和全球通信与商务对互联网的依赖，美国将无限期保留对13台域名根服务器的监控权。由于中国目前没有自己的根服务器提供域名管理服务，所以在其他根服务器遭到攻击后，中国也将失去与世界上其他地方的网络联系。引进根域名服务器的镜像，对更好地保障我国的信息安全具有重要意义。域名一直被认为是进入网络世界的大门，虽然ICANN的监管已被限定为解决与域名分配和构建解决域名纠纷系统相关的决定性技术问题，但由于其采取的运作方式在很多问题上忽视了发展中国家，所以其运作方式一直是人们议论的焦点。

2003年12月，联合国召开了信息社会世界峰会日内瓦阶段的会议，与会各方经过协调，最终达成了一定的原则共识，承认互联网治理包括技术和公共政策等问题，包括政府在内的各利益相关方均应参与治理；互联网治理过程应是开放和包容的，是多边的、透明的、民主的；与互联网治理有关的公共政策问题是各成员国主权范围内的事情，成员国政府有权和有责任对与互联网有关的国际公共政策事宜进行管理；对互联网的治理首要任务就是保护互联网的信息安全。

### （二）互联网信息安全问题产生的原因

通过了解互联网发展的背景，人们可以知道互联网的发展初期具有"三无"的基本特征，即无法律、无国界、无法管制。但是随着互联网技术的发展，网络变得无处不在，人们越来越依赖网络传递和获取信息，同时网络违法犯罪活动也日益增多。这促使人们逐步达成共识，即必须对互联网，特别是国际互联网进行某种程度的管制。

互联网与生俱来的开放性、交互性、分散性以及信息内容的多样性与数量的巨大性特征使人们对信息共享、灵活便捷等需求得到满足。但是互联网并不是世外桃源，在信息网络上，信息遗失、信息污染、信息侵权、信息渗透乃至信息犯罪的安全事故仍频频发生。总结起来主要有以下几个原因。

第一，互联网信息安全治理，仍然存在界定不清、管理观念陈旧的问题。例如，法律法规对网上淫秽色情等不良信息的界定仍然不清晰，使得相关政府部门在监管时无法可依，出现监管过度或者监管缺失等问题。

第二，由于发展程度不同，因此互联网给发达国家和发展中国家带来的冲击和挑战不同。从互联网发展背景看，发展中国家不得不接受发达国家制定的规则和标准。对于发展中国家而言，为了适应经济全球化与政治民主化的浪潮，就必须利用互联网发展自己，既要完善传统的法律法规，又要尽快制定适合互联网发展需要的新法律。

第三，由于互联网的技术和机制上的原因会放大和强化某些负面现象。因为互联网是物理世界的一个组成部分，与物理世界密不可分，相互作用。其既有助于促进社会进步和经济协调发展，又必然反映社会上的各种弊端。

## 二、互联网信息安全的特征及其表现形式

### （一）互联网信息安全的基本特征

美国总统信息技术顾问委员会（PICTAC）报告定义，信息安全是为防护和维护网络中的信息所采取的措施，包括网络本身。因此，信息安全包括物理安全、运行安全、数据安全、人员安全、犯罪法、调查、经济和其他问题。这些因素需要包含在网络世界安全的实践中，并为法律和技术适应新情况提供支持。

本书主要讨论的是互联网的信息安全问题。互联网的本质是实现信息的传播，而实现传播首先要有信息，因此保障互联网信息安全是保障互联网信息安全的关键。互联网信息安全指的是网络系统的硬件、软件及其系统中数据的安全。其至少应包括静态安全和动态安全两层内涵。静态安全是指信息在没有传输和处理的状态下信息内容的秘密性、完整性和真实性。动态安全是指信息在传输过程中的不被篡改、窃取、遗失和破坏。总体来说，互联网信息安全根据其本质的界定，应具有以下的基本特征。

1. 保密性

保密性是指信息不被非授权解析，信息系统不被非授权使用的特性。这

一特性存在于物理安全、运行安全、数据安全层面上。机密性保证数据即便被捕获也不会被解析，保证信息系统即便能被访问也不能被越权访问与其身份不相符的信息，其反映出信息及信息系统机密性的基本属性。

2. 完整性

完整性是指信息不被篡改的特性。这一特性存在于数据安全层面上。完整性确保网络中所传播的信息不被篡改或任何被篡改的信息都可以被发现，其反映出信息完整性的基本属性。

3. 可用性

可用性是指信息与信息系统在任何情况下能够在满足基本需求的前提下被使用的特性。这一特性存在于物理安全、运行安全层面上。可用性确保基础信息网络与重要信息系统的正常运行能力，包括保障信息的正常传递，保证信息系统正常提供服务等，其反映出信息系统可用性的基本属性。

4. 真实性

真实性是指信息系统在交互运行中确保并确认信息的来源，信息发布者的真实可信及不可否认的特性。这一特征存在于运行安全、数据安全层面上。真实性保证交互双方身份的真实可信以及交互信息及其来源的真实可信，其反映出在信息处理交互过程中信息与信息系统的真实性的基本属性。

5. 可控性

可控性是指在信息系统中具备对信息流的监测与控制特性。这一特性存在于运行安全、内容安全层面上。互联网上针对特定信息和信息流的主动监测、过滤、限制、阻断等控制能力，反映出信息及信息系统的可控性的基本属性。

## （二）互联网信息安全的主要表现形式

互联网的基础是物理网络，网络安全指互联网网络传送功能的安全问题。网络安全包括网络设备的物理安全和系统安全、网络资源安全和数据传送安全以及信息存储安全。业务与应用安全则指的是在互联网络数据传送功能基础上提供的各种应用服务（例如邮件业务、网络电话、P2P下载等）的运行安全问题，包括应用服务器安全、业务运营安全、用户信息安全等问题。最后，由互联网服务引发的国家、社会、文化等其他所有安全问题，都可以划归信息安全范畴，例如不良信息传播、个人隐私保护、知识产权保护等。

互联网信息安全问题涉及方方面面，表现形式纷繁复杂。对互联网安全问题的分类可以从互联网的性质和功能出发：作为公共基础设施的互联网自身的网络安全及由此衍生出的公共安全问题；作为现代通信业务和其他承载类业务和应用的平台带来业务与应用的安全问题；作为大众传媒平台和信息交流平台引发的信息内容安全问题。从信息安全所产生的威胁来看，其主要有以下五种表现形式。

第一，蠕虫或病毒的扩散。其核心特点是针对特定的操作系统但没有明确的攻击目标，攻击发生后攻击者就无法控制。

第二，垃圾邮件的泛滥。其核心特点是以广播的方式鲸吞网络资源，影响网络用户的正常活动。

第三，黑客行为。其核心特点是利用网络用户的失误或系统的脆弱性因素，针对特定目标拒绝服务并进行攻击或侵占。

第四，信息系统脆弱性。其核心特点是系统自身所存在的隐患可能在某个特定的条件下被激活，从而导致系统出现不可预计的崩溃现象。

第五，有害信息的恶意传播。其核心特点是以广泛传播有害言论的方式，来控制、影响社会的舆论。

从社会层面的角度分析，信息安全反映在网络空间中包含舆论文化、社会行为和技术环境三个方面。

第一，舆论文化。互联网的高度开放性，使得网络信息得以迅速而广泛地传播，且难以控制，使得传统的国家舆论管制的平衡被轻易打破，进而冲击着国家安全，使境内外敌对势力、民族分裂组织有机会利用信息网络不断散布谣言、制造混乱、推行与我国传统道德相违背的价值观。有害信息的失控会在意识形态、道德文化等方面造成严重后果，导致民族凝聚力下降和社会混乱，直接影响到国家现行制度和国家政权的稳固。

第二，社会行为。社会行为是指有意识地利用或针对信息及信息系统进行违法犯罪的行为，包括网络窃密、散播病毒、信息诈骗、为信息系统设置后门、攻击各种信息系统等违法犯罪行为；控制或致瘫基础信息网络和重要信息系统的网络恐怖行为；国家间的对抗行为——信息网络战。

第三，技术环境。技术环境是指由于信息系统自身存在的安全隐患，而难以承受所面临的网络攻击，或不能在异常状态下运行。其主要包括系统自身固有的技术脆弱性和安全功能不足；构成系统的核心技术、关键装备缺乏自主可控性；对系统的宏观与微观管理技术能力薄弱等。

## 三、互联网治理理论

互联网的无政府状态将会引发市场失灵，其影响包括两方面，一是互联网信息的负外部性，这包括网络信息安全问题，黄色、暴力信息传播问题，信息霸权和信息渗透问题以及信息污染和信息垃圾问题；二是互联网带来的信息不对称现象，这体现为"信息轰炸"和"信息伪造"两种形式。而且，与传统媒体相比，互联网又具有新的技术特征、传播特征和媒体特征，这都增加了对其有效管理的难度，因此探讨互联网信息安全问题具有重要的实践价值和现实意义。

经济理论里有一个"公共物品"的概念，在此可以将该概念延伸至国际层面，成为"全球公共物品"。一件"公共物品"有两个重要性质：非竞争消费和排他性。第一个性质是指一个人的消费不会影响到其他人的消费；第二个性质是指在正常条件下很难将一个人从该商品中获得的利益和权利排除在外。在全球层面上，联合国开发计划署引入了"全球公共物品"这一概念。互联网一个重要的特点就是新知识和新信息会随着全球用户的交流互动而产生。"全球公共物品"这一概念可以为未来几代人保护互联网信息安全提供解决方案。

联合国互联网治理工作组（WGIG）报告指出，互联网国际治理涉及的公共政策问题可以归结为以下四类。

第一，同基础设施以及关键互联网资源管理相关的问题，包括域名系统和 IP 地址的管理、根服务器系统的管理、技术标准、对等和互联、电信基础设施（包括创新和技术融合）以及多语种化。

第二，同互联网使用有关的问题，包括垃圾邮件、网络安全以及网络犯罪。

第三，同互联网相关，但却比互联网本身有着更为广泛影响的问题，当前有一些组织负责处理这类问题，如知识产权或国际贸易。

第四，同互联网治理发展方面相关的问题，尤其是在发展中国家的能力建设问题。

互联网治理有以下四种待选模式。

模式一，成立一个全球互联网理事会（GIC），由政府作为成员，每个地区都有其政府代表，其他利益相关方也可参与。该理事会将负责制定互联网国际公共政策，负责对互联网资源管理实施必要的监管，GIC 将取代美国商务部对中国合格评定国家认可委员会（CANS）的监管职能，也将取代互联网域名和地址分配机构政府顾问委员会（GAC）。GIC 和互联网技术运营机构（如改革和国际化后的 ICANN）间的关系应予以明确，ICANN 应对 GIC 负责。应将 GIC 置于联合国的框架内。在该机构内部，政府应起到领导作用，而私营部门和民间团体只起咨询作用。

模式二，在互联网治理工作组（WGIG）报告的四种模式中，只有此模式反对新建互联网政策监管机构，只同意如上所述建立一个全球互联网治理论坛，通过该论坛实现政府、私营部门、民间团体等各方的协调。可通过加强 GAC 的作用，以解决一些政府对互联网问题的关切。

模式三，成立一个国际互联网理事会，负责现在互联网域名和地址分配机构与互联网数字分配机构的资源管理职能及其他公共政策管理职能。ICANN 与所在国签订东道国协议，建议取消 GAC。在该理事会中，各国政府地位平等，政府应发挥主导作用，而私营部门和民间团体只起咨询作用。

模式四，其核心内容也是在联合国框架下，政府负责政策监管。具体分为以下三个层次。

首先，建立政府领导的全球互联网政策理事会（GIPC），私营部门和民间团体以观察员身份参与。

其次，在 ICANN 改革和国际化的基础上形成新的世界互联网名称与数字地址分配机构（WICANN），WICANN 由私营部门领导，但与联合国建立连接。政府与 WICANN 有两重关系，一是负责对其实施政策监管，二是政府具有现存 GAC 的咨询职能。WICANN 与所在国签订东道国协议。

最后，成立各方平等参与的全球互联网治理论坛（GIGF）。

# 第二节　我国互联网信息安全的现状

进入 21 世纪，网络信息安全成为摆在社会发展中的突出问题。21 世纪的信息流动，主要是以网络为载体，以电子化的信息流为媒介，以大型计算机为终端的信息获取、交换与分享。网络深刻影响了人类的政治、经济、文化等方方面面。但是，随着互联网的全面渗透，并融入每个人的生活、学习、工作和社交，网络安全就显得非常突出。没有一个安全的网络环境，人的安全就无从谈起。随着网络信息已经成为信息传递的主要手段，网络信息技术的发展日新月异，进展迅速，然而与此同时，对网络信息安全的治理却时常为人们所忽视，造成了网络信息安全的漏洞频出，对国家安全造成不利的影响。因此，对网络信息安全的治理，已经成为各国不得不加大力量强化的重要方面。

## 一、网络信息安全引起重视

我国网络信息安全虽然起步较晚,但是随着有关部门对互联网信息了解加深以及网络信息安全重视程度的提升,上升为国家战略的网络信息安全受到我国越来越多的重视和关注,相关的法律法规不断完善,网络信息安全方面的人才培养也越来越受到关注,网络监管的手段,网络传播内容的控制,网络舆论的监测也逐渐成为网络信息安全所采用的常规手段。从世界范围来看,各国都在不遗余力地加强网络信息安全的治理,强化对网络信息的监管和控制,以期维护国家安全和政治经济的稳定。例如,欧盟就于2017年建立了一个新的统筹各国网络信息安全的IT部门,对网络信息加强监管;美国在网络信息安全方面将通过推出网络身份证,构建一个网络生态系统;日本、澳大利亚也加强了网络信息安全的法律监管,加大对破坏网络信息安全的行为的处罚力度。以上各国所采取的措施都说明网络信息安全已经成为影响国家安全,受到世界各国所关注和重视的重要问题。

## 二、网络安全的现状及其发展

### (一)信息技术的发展为信息安全管理增加了新的内容

我国信息技术发展十分迅速。著名咨询机构波士顿(BCG)2017年发布的报告指出,中国的互联网经济已经达到了GDP的5.5%,并且仍在加快发展。2016年,中国互联网经济价值3260亿美元,而到2017年,这一数字将达到8520亿美元,互联网经济占GDP的比重将上升到6.9%,保持全球第三的位置。

我国网络信息的发展非常迅速。很多学者提出,我国后现代化的进程,很大程度上也得益于信息化的发展。在国际电信联盟发布的全球信息化发展指数研究报告中,我国的信息化位列全球信息化发展最为迅速的10个国家之一。并在2008年的网络完善程度指数中位列"金砖四国"之首。

我国的信息化发展也具备了自身独特的特点,即信息化是与我国制造业和服务业发展紧密相连和相互促进的。我国的产业升级和转型,产业模式的创新,都离不开信息化的推动,而信息化也在我国工业化的发展中得到提升和完善。

网络信息安全技术的发展,主要体现在认证、数据加密、防火墙技术以及监测系统几个方面。

1. 认证

认证是信息安全的第一道防线。认证是指对进入信息网路的用户进行身份的辨明，通过认证后才能够进行网络信息的进一步操作。通过认证能够对信息安全起到初步的防护作用，保证进入信息网络用户的合法性和正当性。认证的方式主要包括身份认证、访问授权、数字签名等。

2. 数据加密

数据加密是较常用的信息安全手段，通过对网络信息数据进行加密，使得信息难以被破解。常用的数据加密手段有私钥加密和公钥加密等。

3. 防火墙技术

防火墙技术是比较常用的网络信息安全防护手段，防火墙是一种软件的防护方式，通过设立防火墙对信息的传递起到过滤和防护的作用，特别是在关键和重要的节点，防火墙可以对网络通信数据进行拦截，防止意外的侵入和信息的不法交换。从其防护方式上来看，防火墙主要是一种被动防御系统，通过设立防护屏障起到保护关键信息的作用。

4. 监测系统

监测系统是随着信息技术的发展而产生和发展的，在信息技术的发展初期，很多信息交流由于没有设立相关的监管系统，信息技术的交换具有很强的随意性和任意性，这对于网络信息的监管和控制都十分不利，因此产生了网络信息的监测系统，通过动态的监测信息流动的状况对信息的流入、交换和流出加以监控，保护信息交换的合法性。

## （二）网络信息安全的基础和手段有待提高

虽然网络信息安全的治理已经提升为国家战略的层面，并随着网络信息技术的发展而不断更新，但是目前网络信息安全的技术基础和手段仍有待提高。主要表现在以下两个方面。

第一，网络信息安全行业技术比较落后。目前我国信息安全产品核心技术严重依靠国外，缺乏自主创新产品。我国信息网络使用的网管设备和软件基本来自进口，大大减弱了我国网络的安全性能。

第二，网络信息安全监管手段需要完善。目前网络信息监管还是以政府集中管制为主，在发挥个体监控和组织监控方面力度不足。完善的信息安全监管机制，应当发挥个人、组织和国家三者的合力，形成监管的层次体系，从而更好地实现网络信息安全。

### （三）网络信息安全事故的不断增多

随着我国网络规模的不断发展，网络信息安全事故也逐渐增多，从事故对象上看，企业和个人都容易受到网络信息安全的威胁。据瑞星发布的《2017年第三季度网络钓鱼报告》显示，目前每天会有10000多个新的钓鱼网站出现，其中95%是由机器自动生成，使得传统反钓鱼软件很难识别。而且，网络诈骗与客户端软件结合甚至与传统电话诈骗结合，成为新型诈骗的显著特点。我国每年因钓鱼诈骗遭受的损失以及间接损失，据估算可能高达50亿到70亿人民币。木马受控主机IP数量的大幅增长主要是由于自2010年6月起，国家互联网应急中心的监测范围新增了下载者木马、窃密木马、盗号木马、流量劫持木马、部分新型远程控制木马等。

## 三、当前网络信息安全尚存较多问题

### （一）网络信息安全基础薄弱

由于起步较晚以及国外对信息产业的严格限制，我国信息产业的发展一直处于比较被动和落后的地位，很多发达国家对我国信息产业发展采取遏制政策，阻碍我国信息产品的发展。造成我国信息产业关键部件严重依赖进口，并且在关键领域容易受到攻击和破坏。

从硬件设备来看，我国目前各个行业包括国民经济的许多重要部门，使用的计算机中央处理器绝大部分需要进口。在超级计算机的研究中，虽然从整体性能上来说我国研发的大型计算机已经处于世界领先地位，但是其核心处理器仍无法摆脱进口的情况。近年来我国的信息装备产业发展迅速，但其中很多核心零部件都来自以美国为代表的原始设备制造商，国内厂商仍然处于简单组装、加工的低利润环节。中国工程院院士信息专家沈昌祥将此种情况形象的比喻为"美元买来的绞索"。从软件方面来看，目前我国绝大部分计算机网络（包括军用网络）所安装和使用的操作平台都是美国公司的产品，目前美国微软几乎垄断了我国电脑软件的操作平台和核心市场，离开了微软的操作系统，国产的软件都将难以运行，这不仅造成了我国网络信息安全管理技术的受制于人，同时也带来了管理水平的严重不足。同时，企业信息化建设的管理软件也有90%以上来自进口，国外软件巨头不仅以此获取高额利润，同时对我国信息管理安全带来威胁。王逸舟教授指出，我国目前信息安全的薄弱就好像是容易被打击和窃取的"玻璃网"。

## （二）网络信息安全意识淡薄

从全国范围来看，很多部门和人员没有对网络信息安全引起很强的注意，对网络信息安全的重视程度尚不足。重技术，轻安全是当前网络信息安全中的突出问题。其表现在对信息设备和技术水平的过度追求，但是对信息安全却认识不够，投入不足，从而容易产生信息安全漏洞，带来信息安全事故。"人是网络的建设者和使用者、网上内容的提供者和消费者，……人网结合是网络时代信息安全的本质特征"，"黑客"工具、病毒的制造者是人，网络边界防线最薄弱的环节也是人，80%及以上病毒的成功入侵都是利用了人的无知、麻痹和懒惰，因此人的安全意识对网络边界的安全具有决定作用。"

在我国信息化发展中，大多企业、政府机关等都建立了相关的网站，但是对于网站安全的管理和保障却没有引起足够的重视，很多网站都存在非常严重的系统漏洞和安全隐患。根据《中国计算机报》发布的一项统计，中国已经上网的所有工业中，有55%的企业没有防火墙，46.9%的企业没有安全审计系统，67.2%的企业没有入侵监视系统，72.3%的企业没有网站自动恢复功能。

网络信息具有传播迅速、途径隐蔽等特点，正是由于其所具有的这些特点，使得有关部门对其监管也呈现了监管困难的特点，随着信息技术的发展，信息安全的管理手段也在逐渐拓展和改善。我国学者周国平认为："目前我国全社会网络信息安全意识还比较淡薄，对信息安全也缺乏常识性的了解，这种状况对网络条件下的意识形态工作极为不利。"

## （三）敌对势力对网络信息的利用

进入信息时代，网络信息已经成为世界各国争相抢夺的"第四媒体"，各国纷纷加大力量投入网络信息时代的争夺，信息竞争已经愈演愈烈。从我国现实来看，我国境内的网上窃密活动十分猖獗，网络间谍在我国的活动也愈加频繁。东欧剧变以来，境内外敌对势力、敌对分子把我国视为其"和平演变"的最大障碍，对我国大肆进行渗透破坏。在窃密手段方面很多国外反动势力在利用原有的侦测、窃取等手段的同时，也加大了网络信息情报获取的力度，甚至网络信息情报已经成为国外情报机构获取情报的重要来源，给隐蔽斗争工作带来很多不利因素。电子信息时代的到来使得除原来的软盘、U盘、网络外出现了更先进的泄密途径，比如电磁波辐射泄密。借助特殊的仪器设备，可以在一定范围内捕获计算机设备工作时辐射出的电磁波，尤其是利用高灵敏度的装置可以清晰地看到计算机正在处理的信息，从而窃取相关信息情报。

网络信息安全已经成为关乎国家安全的重要方面，并且正在对国家的经济、政治和社会安全带来巨大影响。网络信息的平台已经成为意识形态和文化领域斗争的战场，虽然这一战场没有硝烟，但是其影响却不亚于一场普通战争，甚至具有比普通战争更加巨大的破坏性和严重性。由此可见，信息技术的发展不仅为我国提供了后发赶超的机遇，同时也为国外某些敌对势力提供了情报获取的手段，使得新时期的保密工作形势更加严峻。随着社会主义市场经济的发展和信息化建设的推进，网络信息安全面临着越来越严峻的斗争形势。

## 四、包括我国在内世界网络信息安全面临的挑战

从世界范围来看，由于信息化的发展日新月异，这给世界范围内的网络信息安全带来了新的难题。具体来看，网络信息安全面临的挑战主要来自以下几个方面。

### （一）日益严重的计算机病毒问题

计算机病毒本身是一种程序，通过信息流动感染计算机的操作系统，最终目的是侵入对方的信息系统，窃取相关的信息资料。其主要特征有以下三个方面。

第一，破坏性强。计算机病毒可以造成设计操作系统和应用系统的瘫痪并破坏侵入对象的信息资源，因此具有很强的破坏性。计算机病毒可以通过感染计算机的硬盘，造成分区中的某些区域上内容的损坏，使计算机瘫痪，无法正常工作。

第二，传播性强。计算机病毒通过网络和信息手段进行传播，其传播速度快，扩散迅速。

第三，扩散面广。由于信息技术巨大的覆盖性和扩散性，通过网络传播能够在很短的时间内扩散到网络节点的其他计算机，而一旦网络服务器被感染，其扩散面将更加广泛，清除病毒所需的时间将是单机的几十倍以上。

伴随着计算机技术的提高，近年来计算机病毒也越来越强大，蠕虫病毒具有很快的传播速度和很强大的破坏力，木马病毒能够对受感染计算机实施远程控制并盗取重要信息，虽然现有的杀毒软件能够查杀一部分病毒，但是不断产生的新型病毒还是能够绕过很多杀毒软件的查杀，对目标对象实施感

染。同时，计算机病毒还成了交易商品可以进行网上买卖且呈现公开化的趋势。可以说，日益强大的计算机病毒已经对网络信息安全造成了巨大的威胁。以"震荡波"病毒为例，"震荡波"病毒利用微软公布的漏洞进行传播，通过 Windows 7 或 Windows 8 等操作系统，开启上百个线程去攻击其他网上的用户，造成机器运行缓慢、网络堵塞。由于其隐蔽性，在一周之内就感染了全球 1800 多万台电脑。"震荡波"病毒在全球带来的损失超过 5 亿美元。根据有关统计数据显示，"震荡波"造成 73% 的中毒计算机不得不申请专业防毒公司解救，63% 的中毒者工作受到严重影响，30% 的人至少花费 10 小时去除病毒，同时估计全球范围为处理"震荡波"病毒造成的计算机损害要花费 9.97 亿美元。

## （二）越发增多的网络黑客攻击

网络黑客是专业进行网络计算机入侵的人员，通过入侵计算机网络窃取机密数据和盗用特权，或进行文件破坏，或使系统功能得不到完全发挥直至瘫痪。从世界范围看，黑客的攻击手段在不断地更新，几乎每天都有不同的系统安全问题出现。黑客就是利用网络安全的漏洞，尝试侵入其聚焦的目标。

随着计算机和网络技术的普及，世界范围内的黑客数量日益庞大，黑客的入侵对象也越来越趋向难度更高的政府、情报部门、大型企业、银行等网站。同时，黑客之间也出现了协同作战的现象，黑客群体呈现集团化、组织化、政治化甚至国家行为化的趋势。黑客攻击往往呈现较高的智能性和很强的隐蔽性等特点。从智能性上看，黑客普遍具有相当高水平的计算机操作技术，能够绕过所侵入系统的防火墙和拦截软件；从隐蔽性上看，黑客利用计算机作为窃取信息的载体，并以计算机作为入侵的目标，通过编辑程序达到入侵目的，而非直接入侵所要侵入的地点。

黑客的行为虽然一般比较隐蔽，但造成的危害一般比较巨大。以发生在美国的黑客事件为例，2016 年 2 月，美国很多著名网站受到黑客攻击，黑客通过后台操纵使得网站崩溃，造成直接损失超过 10 亿美元。从我国的实际情况来看，除传统领域的信息安全受到危害外，更为隐蔽和难以追查的信息安全非法手段是通过一些非政府组织、极端组织等进行的信息安全违法行为，这些行为往往具有手段隐蔽、技术手段高等特点，因此在追查方面也更加具有难度，同时在破坏程度上也更加严重。

## （三）渐成焦点的信息战

进入信息时代，信息在国家战争中扮演了相当重要的角色。传统的战争观念也逐渐为信息战所丰富。信息战概念的提出是在海湾战争后，美国国防部颁发的《国防部指令》，其中提到了信息战是指以信息为主要武器，打击敌方的认识系统和信息系统，影响制止或改变敌方决策者的决心，以及由此引发的敌对行为；亦指战场上敌对双方为争取信息的获取权、控制权和使用权，通过利用、破坏敌方和保护己方的信息系统而展开的一系列作战活动。信息战可以充分发挥网络和信息的巨大威力，将实战与信息紧密结合，创造最小的伤亡和最大的战果。

信息战具有以下三个特点：一是具有较强的隐蔽性，依赖于现代化信息手段，信息战往往不必有重型的武器装备，而仅依靠计算机等先进手段进行；二是具有很强的扩散性，通过信息战，能够对敌方的信息系统造成破坏，同时能够影响敌方人员的心理，达到兵不血刃的目的；三是作战时间连续，计算机网络战不受外界自然条件的干扰，不受气候因素制约，可在任何时段进行。

信息战将极大地促进情报收集技术的进步和发展。目前，西方国家已经大规模应用无人侦察机、间谍卫星等进行前期的信息获取和情报收集。同时，信息战作为传统战争方式的补充和发展也得到了更加广泛的应用。在战前利用信息战获取对方的信息情报，或者破坏对方的信息系统，从而造成对方信息指挥中枢的混乱，都是目前采用的信息战手段。信息战的引入和发展，使得不战而屈人之兵成为可能，并且能够在最短的时间内产生巨大的效果。

# 第二章　互联网信息安全控制机制与评价

在全球化不断发展的今天，互联网技术实现了前所未有的飞跃式发展，特别是最近几年，智能网络终端不断增多，物联网、云计算等技术不断被各领域所应用，使得互联网的数据量呈现出爆炸式的提升，数据呈现出"数量庞大、种类繁多、价值巨大和传播速度快"的新特点，人类社会已经逐渐进入了大数据时代。大数据为人们研究、挖掘有用信息提供了更多重要的数据支持，随着时代的不断进步，大数据将会跟随互联网的发展而展现出更加广阔的开发空间。但是大数据本身的特点也对其遭受网络攻击，私密数据被泄露、滥用以及敏感信息被窃取等问题的解决提出了更高的要求。因而保证数据信息的安全性，对解决大数据背景下诸多领域网络信息安全问题和安全发展问题，具有更加重要的意义。

## 第一节　互联网信息安全控制机制概述

随着全球信息化的飞速发展，网络信息安全问题已经成为关系到国家安全、社会稳定的一个重要问题，做好网络信息安全控制工作，确保网络信息和数据不被外界行为干扰、更改、破坏或泄露，已成为信息安全监管部门的重要工作。目前社会各领域的数据都在以爆炸式的速度增长，大数据的出现使得数据传递、存储与处理方式发生了深刻的变化，大数据及其相关技术的发展使得海量数据和信息的传输与交换能够跨越时间空间的局限，因此人们对数据库以及信息系统的依赖性也越来越高。然而大数据为人们带来便利的同时，也对网络信息安全控制工作提出了更高要求。要在保证海量数据和信息高速传输与交换的同时进行信息安全工作，必须要制定一套完善的网络信息控制体系与评价体系，以此来保证网络信息的安全性。

# 一、网络信息安全的定义及特点

## （一）网络信息安全的定义

信息安全的概念提出时间不长，各个国家之间还没有取得统一的认知。在 2001 年第 56 届联合国大会上，联合国号召各成员国统一涉及信息安全的基本概念，以便更好地处理信息安全问题，并加强国际的交流与合作。各国对网络信息安全的认识也有其发展过程，当前各国学者存在相对一致的认识，即网络信息安全具体可分为五个特征，也就是依据 2002 年美国联邦信息安全管理法案的规定，网络信息安全具体包括信息的完整性、保密性、可用性、可控性以及抗否认性。我国学者将网络信息安全分解为四个方面，分别为环境安全、系统安全、程序安全、数据安全。还有观点认为网络信息安全包括数据库安全、操作系统安全、病毒防范、网络安全、加密与鉴别、访问控制等六个方面。网络信息安全属于一门涉及网络技术、计算机科学、密码技术、通信技术、应用数学、信息安全技术、信息论、数论等多种学科的综合性学科。从广义上来说，涉及网络上信息的完整性、保密性、真实性、可用性以及可控性的相关理论和技术都是在网络信息安全的范围内；从狭义上来说，网络信息安全是指网络中的服务和信息安全，保证网络系统中的软件、硬件和系统数据的安全。

## （二）网络信息安全的特点

网络信息安全与过去所说的政治安全、经济安全以及军事安全有所不同，其具有自身独特的特点，具体来说有以下几点。

### 1. 网络信息安全的脆弱性

互联网是一个开放的系统，互联网的脆弱性也源于其开放性，开放本身就表示不安全性的存在，开放的程度越高，网络信息的安全性就越低。互联网的脆弱性主要表现在设计、实现、维护等多个环节。互联网的设计阶段虽然会将信息安全威胁考虑在内，但是也无法在安全防控设计阶段做到无懈可击，即便在网络设计开始充分考虑了各项防护措施，但在具体操作过程中，其依然受到网络用户的操作水平以及管理员维护程度等主观因素的作用，在互联网的实现阶段和网络维护阶段，安全漏洞最容易暴露。受关键网络和各项软件的复杂性影响，安全问题也随之出现。因此，客观上的设计缺陷和主观上的操作都会对互联网的使用产生安全影响，导致互联网的每个环节，在任何时候可能都会被攻击，并可能引起网络瘫痪、传输泄密、文件破坏等严重的后果。

2. 网络信息安全的突发性

对网络信息安全造成突然性破坏和影响的原因，大多数情况下是计算机病毒。对计算机病毒的定义，当前大多数人比较认可的是计算机病毒是一种程序，通过信息流动感染计算机的操作系统，最终目的是侵入对方的信息系统，窃取相关的信息资料。其主要特点是具有破坏性、传播性以及扩散性。计算机病毒的爆发常常具有不可预测性和突发性，能够快速的破坏应用程序或者系统中的数据，对计算机的使用产生严重影响，甚至窃取计算机中的数据和信息。潜伏性也是计算机病毒的一个主要特征，因为计算机病毒是一种经过人为设计的程序，植入系统后就像是一颗定时炸弹，不会立即表现出破坏性，能够在一段时间甚至很长时间之内共生在合法程序中，其潜伏的时间越长，所得到的信息资源越多。计算机病毒在潜伏的过程中，不会影响计算机的正常程序，然而一旦病毒突发就会全面、快速的蔓延，在短时间内引起信息丢失、信息泄密甚至整个网络系统瘫痪等多项严重问题。信息安全隐患作为非传统安全领域中的一个问题，其破坏性很可能出现在被入侵者没有察觉的状态下，同时快速发动袭击，不给安全防护工作任何反应时间。由于网络信息安全的突发性，因此需要信息安全部门在对网络安全进行治理的过程中做到防患于未然，这样才可以将其危害性降到最低。

3. 网络信息安全的全球性

互联网上的信息传播速度之快、影响之大，是信息传播领域甚至人类社会从未遇到过的新情况，互联网的互动和互联构成了全球一体化的地球村。随着新媒体的逐渐增加，网络上逐渐出现新的问题。2017年中国用于处理安全事件服务费用达200亿元人民币。从这些事实中能够看出，网络信息安全问题没有国界之分，同时互联网的无限制、无国界，完全开放的特征，更加为一些网络安全攻击行为提供了方便。因而应加强国际的合作，这样才能够更好保护网络信息的安全。

## 二、网络信息安全控制机制及评价

### （一）网络信息安全控制机制

在管理学原理中，控制作为管理的主要职能之一，其构成要素分为三个方面，即控制者、控制对象、控制手段和工具。网络信息安全控制机制的建立也围绕控制职能的构成要素而展开。第一个方面是控制者,即网络信息安全的管理者;第二个方面是控制对象,人员、财务以及时间等资源为其主要内容,数据库、信息系统等也属于控制对象范围;第三个方面是控制手段和工具,管理的组织机构、原则制度、法规调理以及管理方法等都属于控制的手段和工具,顺利进行控制活动需要组织机构和原则法规等提供保证,在大数据背景下,计算机与网络具有提高控制效率的功能,要想实现控制活动就必须以信息作为沟通桥梁。

大数据背景下网络信息安全控制机制建立的过程,即针对网络信息安全问题的生产,明确认定安全防范的控制对象,把相关的管理者和工作人员组织起来,科学合理地分配工作与任务,有效组织人员和分配安全投资等要素,并且设置网络信息安全专业机构与部门,制定网络信息安全规章制度并确保其实用性的过程。

## (二)网络信息安全控制评价

在对网络信息安全控制进行评价时,要抓住对其产生主要影响的因素进行评价,因此必须坚持科学性原则,这也是使评价结果具有有效性的必然选择。大数据背景下的网络信息安全现状具有综合性特征,因此对其进行评价需要从全面性上入手,并且应注重体现评价的可行性,而且要易于进行数据资料的收集和量化,简化评价程序。

目前国内外在网络信息安全控制评价方面的研究,多数选择通过一定的实践调查后建立评价指标体系。国内外学者认为,建立网络信息安全控制评价体系,应该选择通常情况下客观存在的评价指标,不能选择在偶然因素影响下产生的指标,并确保评价指标构建具有一定的稳定性,使所构建的评价指标具有一定的普遍适用性和实用价值。为使这一点得到保证,选取指标时不仅要注重代表性,更要注重全面兼顾,虽然最终可能确定的评价因素有限,但应该在最初选择评价因素时,尽量全面地选取指标,增大选取的空间,构建具备可行性的评价实施体系。选择评价指标还应该注意评价因素是否利于比较,网络信息安全具体体现在安全技术和管理上,也就是具备技术和管理的双重属性,若就评价对象来看则比较复杂,并且有些因素难以量化。但事物的质的表现必须依靠一定的量化实现,因此尽力量化评价因素,就能够将事物的本来面目揭示出来。

# 第二节　互联网信息安全存在问题及其成因

人类进入 21 世纪，网络信息安全成为摆在社会发展中的突出问题。21 世纪的信息流动，主要是以网络为载体，以电子化的信息为媒介，以大型计算机为终端的信息获取、交换与分享。网络深刻影响了人类的政治、经济、文化等方方面面。但是，随着互联网的全面渗透和融入每个人的生活、学习、工作及社交，网络安全就显得非常突出。没有一个安全的网络环境，人的安全就无从谈起。网络信息已经成为信息传递的主要手段，网络信息技术的发展日新月异，然而与此同时，对网络信息安全的治理却时常被人们所忽视，造成了网络信息安全的漏洞频出，对国家安全造成不利的影响。因此，对网络信息安全的治理，已经成为各国不得不加大力量强化的重要方面。

## 一、技术层面的问题

### （一）网络通信线路和设备的缺陷

21 世纪通信行业的发展方向是使用宽带数字的综合业务，其中主要的关键技术包括同一阶段的数字传输、不同步伐的转移模式的交换等，这些技术的运用都已经渐渐成熟了，它们所存在传输通道的可靠及其稳定性最为重要，在通信线路中是不可忽视的一个问题。网络通信线路和设备缺陷包括电磁泄漏、设备监听、终端接入和网络攻击。软件存在的漏洞和后门包括网络软件的漏洞、软件病毒入侵和软件端口未进行安全限制。如果网络通信线路和设备存在缺陷，则信息系统的设备在工作时能将经过地线、电源线、信号线的寄生电磁信号或谐波等辐射出去，产生电磁泄漏。攻击者利用电磁泄漏，捕获无线网络传输信号，破译后能较轻易地获取传输内容。在发达的网络时代中，监听设备的网络监听在安全上一直是一个比较敏感的话题，作为一种发展比较成熟的技术，不法分子通过对通信设备的非法监听来捕获传输信息，许多的网络入侵往往都伴随着网络监听行为，从而导致口令失窃，敏感数据被截获。网络攻击者还可通过终端接入的手段，使终端设备通过异步串口连接到路由器，通过该路由器完成终端设备与前置机或其他终端设备之间的数据交互，攻击者在合法终端上并接非法终端，利用合法用户身份操作该计算机通信接口，使信息传到非法终端。随着互联网的迅猛发展，一些"信息垃圾""邮件炸弹""病毒木马""网络黑客"等越来越多的网络攻击威胁着网络的安全。

## （二）软件存在漏洞和后门

网络战不是未来，而是已经存在并且已经司空见惯的。在网络上，随处都是战场，漏洞是武器，而黑客则是军火商。一个软件漏洞的价值能以金钱来衡量，这有些匪夷所思。漏洞即错误，通常人们要花钱修复漏洞，而漏洞大有市场则是人们所处的科技时代更匪夷所思的结果。在这个科技时代，人们的整个世界不管是商业活动还是医疗记录或是社会生活和政府都正在一点一点地脱离现实世界，以数据形式进入软件构成的计算机内核。网络软件的漏洞被攻击者利用，网络黑客通过软件漏洞，使软件病毒入侵，利用互联网传播病毒，对网络或游戏服务器进行攻击，也可通过技术手段对个人电脑植入病毒，窃取用户个人资料，隐私信息甚至银行账户信息等，从中获取不正当利益。软件端口未进行安全限制，攻击者可能在未授权的情况下访问或破坏系统，严重危害到网络安全环境。

## 二、人员层面的问题

网络信息安全存在的问题离不开人员的控制和影响。从系统使用人员的角度出发，系统使用人员存在保密观念不强，关键信息没有进行加密处理，密码保护强度低和文档的共享没有经过必要的权限控制等问题；从技术人员的角度出发，技术人员存在因为业务不熟练或缺少责任心，有意或无意中破坏网络系统和设备的保密措施等问题；从专业人员的角度出发，专业人员存在利用工作之便，用非法手段访问系统，非法获取信息等问题；从不法人员的角度出发，不法人员会利用系统的端口或者传输的介质，采用监听、捕获、破译等手段窃取保密信息。因此，人员层面是严重危害和影响网络信息安全的关键主体。

## 三、管理层面的问题

网络安全管理可以有效提高网络安全系数，保护用户的个人信息及电脑中的重要数据信息，但由于管理层面上的问题，也会导致网络信息安全问题的产生。首先，安全管理制度不健全，缺乏完善的制度管理体系，管理人员对网络信息安全重视不够；其次，监督机制不完善，技术人员有章不循，对安全问题麻痹大意，缺乏有效的监管；最后，教育培训不到位，对使用者缺乏安全知识教育，对技术人员缺乏专业技术培训。

# 第三节　互联网信息安全控制机制的构建

不可否认的是人类社会已经进入大数据时代，信息已经被纳入重要的战略资源范畴，对于国家和社会发展而言，开放性更强的大数据也意味着随之产生更多的安全风险，互联网信息安全成为国家安全和社会稳定的重要影响因素。但是挑战伴随着机遇，网络信息安全问题的出现也为信息安全监管部门找出数据风险爆发点提供了切入点。同时，大数据及其相关技术也发挥着积极促进信息安全行业发展的作用，大数据分析方法将会更加方便快捷地解决信息安全问题。大数据把机遇和挑战带给信息安全，开发利用大数据是制定信息安全战略的重中之重。

## 一、大数据背景下网络信息安全特点

大数据时代数据的新特点使得网络信息安全出现了许多以往没有的问题，分析大数据背景下网络信息安全控制机制，必须明确大数据背景下的网络信息安全有怎样的新特点，才能准确把握大数据背景下网络信息安全的内在机理，从而对网络信息安全机制的构建提供理论依据。

### （一）大数据改变了以往数据保护的原则

在以往的网络信息保护指令或条例中，普遍认可的是数据应该在拥有者明确数据用途的前提下进行获取和分享，以保障数据拥有者的知情权利。而在大数据时代，大数据的最重要价值之一即通过数据挖掘与分析，对未知情况进行有效的预测，而在这一挖掘和分析的过程中，由于数据量的巨大和挖掘分析算法的复杂性，获得目标之外的分析结果和相关联系性结果的可能性非常大，即使是数据挖掘分析的执行者也不能确定挖掘分析的结果是怎样的，并且这种数据利用很大程度上是在数据所有者没有发觉的情况下进行的。因此，大数据在一定程度上打破了数据拥有者的知情权利，改变了以往数据保护的原则。

### （二）大数据的巨大价值会诱发数据安全隐患

在互联网中，许多信息供应商或网络媒介能够较为容易地获取用户信息，而大数据技术的产生和发展使得其能够花费较低的成本对所获取的数据进行处理利用和挖掘分析，并且产生巨大的经济利益。据相关报告，大数据每年能为美国的健康行业贡献 3000 亿美元的价值，为欧洲的公共管理行业贡献 2500 亿欧元的价值。低成本的获取过程和巨大的商业利润会诱使网络信息供应商或网络媒介在分析利用用户信息的过程中，偏离初衷，如果缺乏监管，则会导致用户数据存在安全隐患。

### （三）技术发展能放大数据安全隐患

大数据的发展离不开各种数据处理技术的支持，其最具有代表性的是云计算。云计算指远程数字信息存储技术，该技术允许用户从接入互联网的任意互联设备接触其文件。云计算的发展为用户共享信息带来了很大的便利，也为信息安全埋下了隐患。云计算的服务器分散在不同的国家或地区，而不同国家或地区的数据信息安全责任规定、用户数据隐私保护程度和保护形式、数据公开政策等均存在差异，从而为网络信息供应商提供了逃避责任的空间。云计算"数据所有人与控制人分离"的模式更是加大了对网络信息安全的监管和追责难度，由于用户的数据是存储在云服务器中，这样就使得发生数据安全事件时，难以找到相应的服务器和数据中心调查日志记录，从而增大了网络信息安全的监管和追责难度。

### （四）我国现有法律的缺失

面对大数据时代的网络信息安全问题，我国尚未颁布专门的法律来进行法律监督和管理。相关法律的缺失使得处理网络信息安全问题时容易出现责任情形不清、缺乏明确的处罚标准的情况。在法律层面，我国应抓紧制定相关法律法规，完善大数据背景下的网络信息安全管理工作，依法治理网络空间，维护公民合法权益。

## 二、大数据背景下网络信息安全控制的必要性

进入大数据时代，数据信息成为重要的资源，大数据呈现的新特点使得新时期的网络信息安全问题有了新特点。在数据不断增加的情况下，也出现了大数据安全风险逐渐增加的趋势，而未来互联网新的竞争点也集中在大数据上，因此大数据背景下的网络信息安全问题更为严峻。

### （一）大数据网络攻击危害巨大

大数据具有庞大的数据规模，以分布式存储的形式被存储在互联网云端，其存储形势状况仅具有相对简单的数据保护状态，因此存在漏洞很容易

被黑客攻击，使高持续性威胁（APT）可以轻而易举地实施，从而产生信息安全问题。在大数据环境下，终端用户数量巨大，用户群体构成复杂，导致安全检查系统很难快速、实时判断网络用户合法性，在一定程度上为高持续性威胁攻击创造了隐蔽环境。对 APT 无法进行有效的监测，这是大数据背景下网络安全问题威胁极大的主要原因。

### （二）大数据的用户隐私易泄露

由于大数据能够汇集存储所有网络用户的数据，在一定程度上，这就成为保护用户个人数据隐私的安全隐患。如果不具备完善的大数据安全机制，由于用户不当操作个人数据的情况出现，可能就会泄露一些相关隐私数据。保护大数据背景下的个人用户数据隐私，离不开强大的大数据分析技术和完善的隐私数据保护机制。如果在大数据管理端数据管理机制不完善，可能导致在界定或者分配用户所有和使用一些敏感数据信息权限方面出现问题，从而导致数据安全问题的出现。

在数据采集和信息挖掘大数据时，对于用户隐私数据安全问题要给予高度重视，挖掘数据和提取有用信息需要以用户隐私数据不泄露为前提。当前，大数据往往结合云计算平台进行汇集存储，因此广泛应用了分布式计算。在当前大数据时代，确保云计算信息安全主要体现在对信息传输和数据交换分布计算时，保证不非法泄露和使用各个存储点用户隐私数据。同时，不固定是当前数据量的主要特征，呈现在应用过程中动态增加的趋势，而以静态数据为针对对象是传统保护数据隐私技术的主要情况，因此说要注重的安全问题还体现在对大数据动态数据属性如何有效地应对，保护数据隐私的表现形式等方面。最后，大数据的复杂性要远远超出传统数据，而当前应该考虑的安全问题还体现在保护现有敏感数据隐私及对大数据复杂数据信息能否满足上。

### （三）大数据的数据存储存在隐患

就数据类型和数据结构来看，传统数据与大数据是不可比拟的，数据量在大数据存储平台增长速度呈现出非线性甚至是指数级的现象，各种类型和结构数据在数据存储过程中，并发且频繁无序运行多种应用进程将是必然的结果。对数据而言，存储错位和管理混乱现象极易出现，这就为存储和后期处理大数据过程中埋下安全隐患。而当前大数据背景下数据存储管理系统对海量数据存储需求能否满足还有待考验。因此，大数据存储存在着较为严峻的安全隐患。

## 三、大数据背景下网络信息安全控制机制模型

在大数据背景下，网络信息安全控制机制的建立对于网络信息安全工作的开展至关重要。控制机制的构成要素包括人员层、环境层和技术层。

### （一）人员层——核心动力

在网络信息安全控制机制中，由于网络用户的网络信息行为是产生网络信息安全问题的源头，并且保护网络信息安全即保障网络用户的正当权益，因此系统安全管理人员处于核心地位，处于网络信息安全控制机制的最上层。人员层可分解为网络用户、网络管理者、网络信息服务提供商、威胁网络信息安全的黑客和攻击者。在网络信息安全控制机制中，人员分为网络控制者和网络安全管理者。作为网络控制者之一的网络用户，在网络活动中，应该树立正确的网络信息安全意识，在网络信息安全有关的教育和引导之下，实行自我管理，规范自身的网络行为。其中网络用户的网络信息安全意识尤为重要，网络信息安全之所以易被忽视，很大程度上是由于缺少安全意识，网络用户信息安全意识的提高对于网络信息安全管理工作的落实具有很大的帮助。提高网络用户信息安全意识能够从根本上构筑网络信息安全的思想"防火墙"，从根源上减少网络信息安全问题的发生。在网络信息安全控制机制运转的过程中，网络用户可以做到自觉安装防病毒软件，及时升级系统或安装补充程序，不要轻易下载和安装不明来源的软件，警惕陌生人发送的链接，注意保护个人隐私信息等。而且，作为网络用户，应该自觉遵守相关规定，在提高自身信息安全意识和自我管理的基础上，规范自身的网络行为，不做有损网络信息安全的行为。

作为另一网络信息安全管理对象的是网络信息服务提供商，其在网络信息安全控制机制中扮演重要角色。作为数据和信息的提供者及持有者，网络信息服务提供商在处理网络信息方面具有很大的主动权，因此也承担着重要的网络信息安全责任。基于以上理由，网络信息服务提供商更应接受网络信息安全管理者的监督和管理，明确自身所承担的信息安全责任，遵循网络信息安全相关法律法规，规范自身的网络行为，在保障网络用户正当权益的基础上合理开发和利用数据及信息。

作为系统安全管理者的网络信息安全监管部门，在网络信息安全控制机制中起到"堵"与"疏"两重作用。对于威胁网络信息安全的行为，管理者必须有预见性地进行有效预防，依照相关法律法规进行严格的管理和控制。而面对与日常生活联系越来越密切的互联网环境，日益复杂的网络信息安全

问题不能仅仅依靠发生后再治理的方式进行处理，还要依靠网络信息安全教育与疏导工作所建立的文明互联网环境进行维持。网络信息安全需要高科技的支持，高知识人才的支持，而且信息安全是一项很重要的工作，又是一个专业面较窄、涉及的知识宽、对专业要求很高的专业。我国网络信息安全人才短缺，加速信息安全人才的培养是当务之急。作为网络信息安全的管理者，大数据时代，面对信息技术的飞速更新换代，应该在不断提升自身网络安全素养的同时，提升本专业技术素质，用专业水准要求对待本职工作，成为网络信息安全的"防火墙"。

### （二）环境层——环境支撑

在网络信息安全控制机制中，环境层通过各种方式构建安全的网络环境而在机制中起到环境支撑的作用。

网络设施是支撑互联网环境的基石，网络设施的正常运转与维护是网络信息安全的基础保障。在大数据背景下，物联网、云计算等 IT 技术的迅猛发展，对现有的网络设施的承载能力和运算能力均提出了挑战，目前大数据的数据处理规模已达到 TB 级，甚至能够达到 PB 或 EB 级，如何低成本地储存数据、处理数据，如何有效且合理地利用数据，在保障网络信息安全的基础上充分挖掘大数据的价值和商业利益，对网络设施的承载和运算能力都是巨大的挑战。在大数据背景下，构建海量数据的存储与管理体系、挖掘和计算体系以及网络平台及其应用是保障网络信息安全的基础，也是网络信息安全控制机制运转的基础。

网络文化能够对网络信息的产生、获取、传播和利用等各阶段产生直接或间接的影响。文化的力量在于潜移默化地影响，在大数据背景下，数据的产生和传播速度大大提升，使得网络文化成为目前人类社会传播速度最快，影响范围最广的文化形式。大数据背景下互联网信息的大量产生和快速传播并没有提升人们依靠互联网产生智慧的能力，而且很多情况下会产生相反的作用。大数据背景下，互联网在通过强大的数据传输能力释放更多信息的同时，往往会生产出一些负面的附带产品，例如，阴谋论盛行，即人们在接触了关于某一事件的过多信息后，反而不易探清事件的真实情况；由信息的无序复制导致的对某些话题的夸大解读往往会激活负面社会舆论，激发网络语言暴力事件的产生。这些互联网信息传播中的附带因子往往是由于不健康的网络文化所造成的。因此，构建安全的网络环境，必须先要净化网络文化，培植健康的网络文化。

相关政策与法规能够为网络信息安全提供管理标准，对相关工作起到引导和梳理的作用，并在一定程度上可以依靠其强制力，加强对网络信息安全的控制。与发达国家相比，我国相关法律法规的制定实施要滞后于实际发展的需要，信息立法还存在相当多的空白，使得一些网络违法犯罪行为的认定和惩罚缺乏更细致的法律依据，因此信息安全立法也变得刻不容缓。

构建大数据背景下的网络信息安全控制机制，需要政府系统全面地进行法律法规体系的构建，实现网络信息安全防护的法治化。立法对于网络信息安全防护的作用在于其将网络信息安全置于法律保护之下，通过对虚拟的网络世界设立法治底线，营造有序的网络环境。一方面法律法规防护机制以法律的形式明确政府、中介机构、企业组织等在网络信息安全中所应负的责任，法律本身具有的强制性对威胁网络信息安全的行为，如黑客入侵、散播病毒及谣言等能够起到很大程度上的威慑与约束作用；另一方面法律法规通过设立相应的惩处措施，能够在网络信息安全事故中作为打击网络安全犯罪的有效方式，从而及时有效地推动网络信息安全防护工作开展。

### （三）技术层——技术支撑

在网络信息安全控制机制中，技术层通过各种安全技术构建网络信息安全的防护层，在机制中起到技术支撑的作用。

在大数据背景下，数据安全技术主要是从两个方面对网络信息安全进行控制的，即安全防护和实时监测。安全防护技术的主要作用是保护数据安全，防止数据遭受网络攻击，如防火墙、加密技术等；实时监测技术的主要作用则是在尽可能短的时间内检测到系统的漏洞和黑客攻击数据的行为。现有的实时监测技术还很难做到实时识别安全风险和黑客攻击，因此对现有实时监测技术加以改进，以安全审计技术加以辅助，能够更好保证数据和信息安全。此外，数据发布匿名保护技术、数字水印技术等隐藏数据中的用户特征信息，是保护用户隐私的重要技术。

大数据信息安全模型构建的实现离不开大数据信息安全技术，只有借助一定的技术，才能确保基于大数据背景下的网络通信在各个节点间安全传输的实现从而降低大数据攻击的发生。一方面，网络信息安全控制机制的技术层面，分别以防火墙技术、加密技术、入侵检测技术、网络监控技术和安全审计技术为技术支撑，层层相扣，建立起网络安全技术的防护墙，通过各项技术的相互协作，在技术层面上保证大数据背景下的网络信息安全；另一方面，技术服务于人，人是技术的掌握者，在应用技术作为安全防护支撑的过程中，人的操作处于主导地位，技术一旦出现疏漏，管理人员应该在第一时间进行操作弥补，使得技术与人之间建立良好的反馈机制。

此外，提高网络安全技术的自主创新能力是保障大数据背景下网络信息安全的重要措施，能够大力提升网络信息安全控制机制的运转能力。通过加强安全技术上的自主权和网络安全技术联合应用建设，不仅可以实现网络信息全防护控制体系的升级换代，而且能够实现网络信息安全的高端防护，更好地维护我国网络信息安全发展。

## 四、大数据背景下网络信息安全控制策略角度

大数据时代的到来，在把数据挖掘价值提高的同时，也使网络安全问题被提上日程，数据安全性的要求比过去更高。因此，积极迎合大数据的发展环境成为人们必须完成的任务，人们在充分挖掘和利用各种海量数据的同时，应该采取有效的应对措施，对各种网络信息安全问题进行积极防御、主动攻破。因此，重视大数据信息安全体系的建设是极为必要的，这样不仅可以促进动态数据安全监控机制不断完善，还可以加快大数据安全技术的研发和应用，运用访问控制和数据加密等技术使大数据信息安全性被提升，从而使大数据经济与社会价值被有效整合和充分挖掘出来，从而使大数据真正发挥出促进社会经济发展的重要驱动力量。

### （一）人员角度

#### 1. 重视网络用户信息行为

首先网络用户的信息安全是大数据背景下网络信息安全工作的重点，只有切实保障网络用户的信息安全，才能给用户在心理上创造网络可信任性的认识，才能促进网络用户的互联网使用行为。其次，网络用户作为网络信息安全的管理对象，对其网络行为应该进行必要的教育、培养、疏导和保护，从而确保网络用户在充分参与网络信息活动的基础上，规范其网络行为，从管理对象角度维护网络信息安全。

大数据时代，互联网的普及更加深入，与日常生活的结合也更加紧密，因而个人信息保护意识逐渐被淡化。因此，个人网络信息的泄露、盗用，很多情况下与个人信息保护意识不强有直接关系，网络用户在缺乏个人信息安全意识的情况下很容易将个人信息泄露出去。在互联网使用过程中，用户没有防范的将个人关键信息随便输入网络，不注意保护和删除，就有可能因为网络信息服务提供商的管理不力或者恶意泄露而被盗用或滥用。因此，重视网络用户信息行为，是维护网络信息安全的基础工作。

### 2. 重视网络信息服务提供商的安全责任

网络信息服务提供商在网络信息安全中肩负着重要责任，对于未履行数据保护责任的网络信息服务提供商，应视其失责程度予以相应的处罚，包括由网络信息安全主管部门发出违规通报批评、责令改正、行政罚款、撤销经营资格等行政处罚；同时个人数据受损的用户具有向网络服务提供商提出民事损害赔偿的权利；在刑法层面，应将网络服务提供商纳入侵犯公民个人信息罪的主体范围中，并明确"情节严重"的具体认定标准。

### 3. 培养高素质网络安全管理者

大数据环境下，网络信息安全需要适应时代特征的技术支持，而技术的持有者即高知识人才。由于信息安全是一个专业面较窄、涉及的知识宽、对专业要求很高的专业，因此对相关人才的要求非常严格。我国网络信息安全人才短缺，加速信息安全人才的培养是当务之急。在人才和科技层面，必须加大在信息科技领域的相关投入，培养专业素质较高的网络安全和信息化人才，建设网络信息安全工作专业化队伍，不仅要培养拥有较高专业技能的网络信息安全方面的人才，更要培养具备自主技术创新能力的人才，为完善网络基础设施打下基础。

## （二）环境角度

### 1. 重视网络设施建设与维护

重视网络设施建设与维护，应该利用各种安全技术手段对网络信息系统和数据库进行保护，充分利用数据库系统、应用系统和网络系统的安全机制，全面专业化地构建和维护网络信息安全体系。在加强网络外部硬件设施建设的同时，对内部网络和数据库进行有效安全管理，保障所存储信息的安全。网络设施的建设与维护人员更应该具备未雨绸缪的安全意识，建设容灾备份系统，从网络信息安全体系架构上提供信息安全保障。建成分布式的数据存储系统，对数据进行分散式管理，建设本地备份系统，保障关键数据安全，保障数据中心稳定可靠运行。同时，在确保数据中心能够避免网络攻击之外，还能避免由于地震、火灾或其他自然或者人为灾害所造成的数据丢失。

### 2. 建立网络信息安全评价标准

建立网络信息安全评价标准，目的是为网络信息安全提供可以引以为依据的工作标准，这样有利于用统一标准，规范网络信息安全工作。目前现有的网络信息安全标准虽然很多，但是发布部门各异，参照标准不一，适用范围也不尽相同，使得网络信息安全工作实际上存在着多种标准，不利于工作的进一步推进。

3. 发布网络信息安全法规

20世纪90年代以来，我国相继出台多部涉及互联网信息安全的法规、条例、办法，如《中华人民共和国计算机信息系统安全保护条例》《计算机病毒防治管理办法》《互联网网络安全信息通报实施办法》《计算机信息网络国际联网安全保护管理办法》《全国人民代表大会常务委员会关于维护互联网安全的决定》《互联网电子邮件服务管理办法》《通信网络安全防护管理办法》《电信和互联网用户个人信息保护规定》等，这些法规、条例、办法从不同方面对互联网的行为主体活动进行了相应的规定和规范。互联网信息安全已经引起了我国立法界的高度重视，可以说我国已经在互联网信息安全立法方面建立了基本框架。

从我国信息安全立法的内容来看，信息安全立法的内容中还存在着一定的弊端，例如对侵害互联网信息安全的行为的界定比较模糊，对各类互联网行为主体的责任划分不够明确，特别是对互联网信息安全人员、设备投入没有明确的规定，难以适应当前大数据环境下严峻的网络信息安全形势；从实施法规、条例和办法等的效果来看，部分法规、办法仍停留在文字层面，具体实践中没有得到很好的执行。大数据背景下，网络信息安全立法已成为保护网络信息安全的重要措施。

## （三）技术角度

1. 有效利用现有大数据安全技术

大数据安全技术可以从物理安全、系统安全、网络安全、存储安全、访问安全、审计安全、运营安全等角度对网络信息进行保护。在大数据的生命周期中，围绕数据产生、采集、传输、存储、处理、分析、发布、展示和应用等阶段，大数据安全技术可以在任一环节对网络信息进行安全防护。利用现有的大数据安全技术，可以最大限度保护大数据的自身安全，防止数据泄露、越权访问、数据篡改、数据丢失、密钥泄露、侵犯用户隐私等问题的出现。因此，大数据安全技术需要设计和构建更多的技术标准、安全规范、工具产品、安全服务等形式来保护大数据的安全。

依靠相关工具，运用一定的安全策略，把完善大数据信息安全模型构建起来，使数据信息的安全得以实现，就是大数据信息安全技术。首先，依靠一定的工具，在收录和存储数据阶段划分数据类型，并借助数据挖掘等技术，使分类、分析和评估大数据能持续自动地进行，从而为提取有用信息奠定基础，最后能够使基于大数据框架下的加密安全通信能够在各个节点间实现，从而使大数据被攻击的可能性降低下来。在收录和存储数据时要注重标记处理数据，这样就使大数据在安全得到保证的基础上，有效实现快速运算处理大规模价值密度低的大数据。以数据标识的内容为依据，结合系统不同要求，标记数据类别和敏感等级等，然后数据管理系统通过判断该标识，向数据库中进行存放。

当数据标识增加后，如果数据库内没有记录该标识，就会在数据库内直接存入该标识；如果记录已经存在，则会在数据库直接存入该数据。在数据的数据标识存在后，则可利用决策树等数据挖掘技术快速处理数据，为后期提取有用信息奠定基础。在分布式计算大数据框架下，安全传输数据加密对于大数据信息安全的加强而言，属于至关重要的问题，可以把统一数据传输加密配置文件配置在基于分布式框架的客户端和服务器端，通过分开存储密钥与通信数据达到使分布式系统传输数据安全性被增强的目的。

存储大数据问题实质就是安全监控海量数据动态并发存储地解决问题，在动态存储海量数据过程中，要安全监控和检测数据存储程序进程等，同时要全面监控和控制系统 CPU 及内存等各种硬件资源，从而针对动态数据建立分析细粒度机制，建立安全监控机制，确保有序进行动态并发存储大数据的海量数据，从而使大数据管理系统自身运行确保可靠性和安全性。

2. 重视大数据安全技术自主创新

大数据的流动性和开放性特征导致了其在大数据背景下，网络信息泄露或被非法利用风险出现频率加大，而不断创新的技术手段是保护网络信息安全的关键方法。随着云计算、物联网、移动互联网等新技术的快速发展，为大数据的收集、处理和应用提出了新的安全挑战。而技术发展的步伐仍然滞后，核心关键技术仍掌握在国外网络信息服务提供商手里，我国信息产业技术的自主创新不足。因此，重视网络信息安全技术的自主创新，加大投入力度是保障未来我国网络信息安全工作的重要方向。

# 第三章　互联网信息安全保障机制

目前确保互联网信息安全的监管在世界范围内还都是一个难题，相关的技术与产品大多是基于协议的网络监测管理应用，无法满足监管的需要。我国对互联网信息安全的监管有几个层面，由高到低包括国务院、工业和信息化部以及相关主管部门。目前，国家多次强调加强网络文化建设和管理的重要性及紧迫性，工业和信息化部也陆续出台了相关的政策法规，以形成依法监管、行业自律、社会监督、规范有序的互联网信息传播秩序，切实维护国家网络文化信息安全。对于互联网的管理不仅需要各个政府部门的联合管理，而且加强行业自律和社会监督也是十分重要的。

## 第一节　我国互联网信息安全保障的现状

我国互联网信息安全保障机制可以从管制机构和管制立法两个方面来了解。目前，我国互联网信息安全管制制度主要存在的问题包括网络立法众多且层次低；管制机构多元，各主管机关权力冲突；技术控制支持不足，技术较为落后；行业自律水平有待提高等。

### 一、互联网信息安全保障现状与管制模式

从我国目前互联网信息安全保障现状来看，互联网信息、安全保障主要还是依靠政府制定的法规和行政规章，通过行政命令进行"自上而下"的管制。从实际的执法效果来看，互联网信息安全保障表现出多头指挥，事后监管的现象。为进一步保障互联网的信息安全，政府相关部门应加快制定更完善的管制方式。

我国互联网信息安全管理各参与方包括政府部门、互联网运营企业、第三部门和个人。政府部门有法院、工业和信息化部、公安部、国家广播电视总局、国务院新闻办等行业政府管制机构。互联网运营企业有运营商、网站、增值电信业务企业等。第三部门有互联网运营企业发起成立的行业自律协会组织。需要说明的是，负责我国互联网建设和维护的基础电信运营企业在一定程度上执行第三部门的职责，但由于自身属于国有企业和上市公司，其主要精力和作用并不在该方面。

根据参与各方不同的组合，可以得出我国互联网信息安全管制的模式有以下几种。

第一，纯粹"自下而上"的管制模式，即信息安全主要依靠个人和互联网运营企业之间达成私人协议来解决。

第二，"自下而上"与第三部门管理相结合的管制模式，即信息安全主要依靠个人、互联网运营企业、第三部门三者来实现，在个人与互联网运营企业达不成一致协议时由第三方机构进行仲裁。

第三，纯粹"自上而下"的管制模式，即信息安全完全通过政府管制、司法裁决进行管制。

第四，"自上而下"与第三部门相结合的管制模式，即内容管制依靠政府司法部门结合第三部门实现。

## 二、互联网信息安全管制模式分析

使用成本—效能分析方法对上述四种管制模式进行分析。首先假设：企业的净收益由个人来决定；个人的净收益来自企业地让与，它是企业进行分配的；个人与企业最终的净收益之和等于企业自身所能获得的最大收益减去企业所耗费的成本。企业了解个人所需要的最低净收益，且企业让与个人的利益是个人的净收益。

在博弈过程中，个人会因为得不到期望的收益水平向企业抗议，然后企业决定对个人让与的收益水平，将由第三部门、政府等的存在与否来决定博弈结果的不同。

管制模式1——纯粹"自下而上"的管制模式。在没有第三部门和政府的情况下，如果企业决定不理会个人抗议，个人所能采取的唯一策略就是停止交易。这样，企业和个人都不能获得正常收益，如果企业同意对个人让与一定的收益，个人则必须决定这些收益是否足够，以至于能使其参与到市场交易中去。互联网运营商控制着互联网的运营，处于市场的强势，个人可能没有机会索取企业收益。因此，在此模式下博弈很难形成一个合作协议。

管制模式2——"自下而上"与第三部门管理相结合的管制模式。在第三部门存在政府不存在的情况下，这时企业同样处于市场强势一方，但企业同样也有达成合作共同收益的动机。企业在和个人进行讨价还价的过程中要耗费一定的成本，因此会希望第三部门介入进行协调。此时个人与企业的协调成本都会减少，即双方的净收益都将增加。然而第三部门没有执法权，对企业没有太大的约束力，个人如果不接受第三部门的裁决，只能终止交易。因此，在此模式下很难形成一个合作协议。

管制模式3——纯粹"自上而下"的管制模式。在政府存在而第三部门不存在的情况下，假定政府掌握管制过程并且制定市场操作的规则，考虑到政府提供公共服务的基本职能，政府将维护个人的利益。企业将不得不提供与政府提供的收益水平相当的私人协议，而不能仅提供保证个人参与的最低收益，以免诉诸政府裁决。但由于政府工作效率、流程等因素，其成本将大于个人与企业达成私人协议的情况。因此，虽然能够达成均衡合作，但个人与企业都将付出较大的成本。

管制模式4——"自上而下"与第三部门相结合的管制模式。在政府存在且第三部门也存在的情况下，这个系统的规则是由第三部门和政府共同制定与执行的。当个人对第三部门提出抗议的时候，第三部门不会考虑无效抗议。如果抗议有效，第三部门则决定是否为个人和企业提供达成私人协议的机会。如果企业与个人达成了私人协议，那么双方都可以从私下的讨价还价中获利。如果个人或者企业拒绝该协议，那么第三部门将根据规则来裁决。在接受第三部门的裁决后，个人和企业均可获得收益。如果个人或企业拒绝第三部门的裁决，政府就要负责裁决。因此，收益的情况会决定该程序的最终结果，此时将会出现三种可能，第三方机构促进了私人协议；第三方机构进行裁决；政府干预。

经过分析可以看出，只有模式3和模式4能够形成合作协议。其中模式4最为合理有效。该模式下，第三部门能够为企业创造更好的管制环境，也可以通过比法庭裁决更经济的冲突解决程序减少执法成本。企业也将更加愿意向第三方机构提供信息。因此，"自上而下"与第三方部门相结合的管制模式将是互联网信息安全管制的最佳模式，它既解决了参与各方的利益共享平衡问题，又保证了模式可实际操作的效果。

## 三、互联网信息安全管制存在的问题及其原因

### （一）立法众多且层次低

我国信息安全立法在数量上已形成一定的规模，据中国法库网的统计，目前我国现行法律法规及规章中，与信息安全相关的共计181部，其中属于人大法律的有3部，属于行政法规的有7部，属于部门规章的有53部，其余的118部均为地方性法律法规。但这些众多的法律法规却不能构成一个完整的、系统的、条理清楚的体系。而且这些法律法规的法律效力层级较低，适用范围有限，也不能作为法院裁判的依据，尤其是地方性法规具有很强的地域性，效力范围仅限于本地区，直接影响这些措施的效果。

立法缺乏统一规划，不同时间、不同部门编写的规章之间冲突矛盾现象较为普遍。例如，在互联网信息安全的管辖方面，《计算机信息系统安全保护条例》《计算机信息网络国际联网安全保护管理办法》及《计算机信息网络国际互联网管理暂行规定》中均确定由公安部门负责管理和执法。而《电信条例》和《互联网信息服务管理办法》又规定由电信监管部门执法。

从管制立法角度看，目前管制机构编写的部门规章、行政法规、规范性文件等立法层次较低，而且相互之间缺乏协调，因此这些法律法规在一定程度上缺乏权威性。从这一点看，互联网管制立法应当出台层次较高的法律。

从管制内容看，目前管制法律法规在某些内容需要管制的方面仅仅是一些原则性的规定，缺乏具体的执行与判定标准。《互联网信息服务管理办法》第十五条规定，"互联网信息服务提供者不得制作、复制、发布、传播九类信息：反对宪法所确定的基本原则的；危害国家安全，泄露国家秘密，颠覆国家政权，破坏国家统一的；损害国家荣誉和利益的；煽动民族仇恨、民族歧视，破坏民族团结的；破坏国家宗教政策，宣传邪教和封建迷信的；散布谣言，扰乱社会秩序，破坏社会稳定的；散布淫秽、色情、赌博、暴力、凶杀、恐怖或者教唆犯罪的；侮辱或者诽谤他人，侵害他人合法权益的；含有法律、行政法规禁止的其他内容的。"但是都没有一个比较明确的标准，这样不同的理解就存在差异。这种模糊往往会对网络用户的权利造成损害，在没有明确认定标准的情况下，网络用户的行为是否违法往往成为某些部门或个人的主观认定。

更为重要的是，政府对于网络内容管制很大程度上是通过给互联网信息提供商进行的，要求互联网信息服务提供者对于不良信息进行自我审查，并且有删除义务。《互联网信息服务管理办法》第十六条规定："互联网信息服

务提供者发现其网站传输的信息明显属于本办法第十五条所列内容之一的，应当立即停止传输，保存有关记录，并向国家有关机关报告。"如果出现法律法规所禁止的内容，那么互联网信息服务提供者便要承担相应的责任。在相关法律法规管制标准不明确的情况下，互联网信息服务提供者一方面无法做出判断；另一方面即使做出判断，也有可能受到网络用户的抗议和反对，甚至可能出现侵犯网络用户言论自由权利的情况。更为根本的是互联网信息服务提供者根本没有能力也没有权力代替政府部门行使内容鉴别的职责。这种管制模式实际上是强加给互联网信息服务提供商以无法承担的责任。

互联网不良信息界定不清晰是目前我国互联网治理的"软肋"。由于界定不清、难于界定，就使得相关政府部门在监管时无法可依，出现监管过度或者监管缺失等问题。目前我国还没有专门针对互联网信息安全监管的法律，对在相关事件处理中所使用的法律程序、法律依据以及处理结果等很容易产生争议。由此可见，如果要加强执法，出台相关法律法规已经迫在眉睫。

### （二）管制机构多元化

互联网信息安全涉及的内容广泛，当前我国的互联网管理由多个部门共同完成。从中央层面看，工业和信息化部负责互联网的行业管理，国务院新闻办负责信息内容意识形态的管理，公安部负责打击网上违法犯罪行为，以这三个部门为主，其他部门为辅共同进行管理，这些部门共同构成了我国当前的互联网管理体系。

在我国电信监管体系成型阶段，工业和信息化部与各省通信管理局成立了专兼职负责网络与信息安全监管的职能队伍。其主要职责是配合相关互联网主管部门查处违规违法网站。从地方层面看，是省通信管理局和省级政府的新闻、出版、教育、卫生、药品、工商、公安、安全等主管部门联合监管互联网安全。由于省通信管理局属于部直属机构，不属于地方政府序列，在地市也没有建分支机构，这种部省两级电信监管机构的网络与信息安全监管工作尚存在机构不健全、人员严重匮乏、职能不够明晰等问题，已经影响到了电信监管部门的履职能力和信息安全基础性工作的正常开展。

按照《非经营性互联网信息服务备案管理办法》第二十七条的规定："非经营性信息服务提供者违反国家有关规定，依法应暂停或终止服务的，省通信管理局可根据法律、行政法规授权的同级机关的书面认定意见，暂时关闭网站，或关闭网站并注销备案。"由此可以看出对于互联网信息内容的实施监管的还是新闻、出版、教育、卫生、药品、工商、公安、安全等主管部门。

### （三）我国互联网信息安全问题产生的原因

分析我国互联网信息安全问题产生的原因，必须了解我国互联网发展的背景。我国在20世纪90年代才正式通过美国连入互联网，虽然发展速度很快，但我国互联网的普及率还比较低，加快我国互联网的发展仍然是我国制定互联网管制政策的基点。由于互联网与生俱来的开放性、交互性、分散性以及信息内容的多样性、数量的巨大性特征使人类所憧憬的信息共享、灵活便捷等需求得到满足。与此同时，互联网的以上特性也导致了信息安全事故频频发生。总结起来主要有以下几个原因。

第一，互联网运用的趋势是全社会广泛参与，随之而来的是控制权分散的管理问题。由于人们利益、目标、价值的分歧，使信息资源的保护和管理出现脱节和真空，从而使信息安全问题变得广泛而复杂。

第二，互联网信息安全治理上，仍然存在界定不清、管理观念陈旧的问题。例如，对网上淫秽色情等不良信息的界定仍然不清晰，使得相关政府部门在监管时无法可依，出现监管过度或者监管缺失等问题。

第三，我国互联网发展处于起步阶段，不得不接受发达国家制定的规则和标准，缺乏自主的网络和软件核心技术。由于我国信息化建设过程中缺乏自主技术支撑，因此我国互联网处于被窃听、干扰、监视和欺诈等多种信息安全的威胁中，网络安全处于极脆弱的状态。

第四，缺乏制度化的保障机制。我国没有从管理制度上建立相应的安全保障机制，在整个互联网管理过程中，缺乏行之有效的安全检查和应对保护制度。同时，政策法规难以适应发展的需要，信息安全立法还存在相当多的空白。

我国政府没有一个统一的机构负责互联网管制工作，而是众多的机构都具有互联网管制的职能，存在多头管理的现象，众多专项内容主管部门对于网上不良信息都有执法权。要从法律、政府管理、公共政策等多方面阐述互联网信息安全保障机制的建立。

## 第二节 国外互联网信息安全管理经验的启示

在互联网管理方面，很多国家走在我国的前面，国外经验对我国互联网安全管理具有相当的借鉴意义。建立互联网信息安全保障机制的基本途径可以从依法治理、技术创新和道德规范三方面入手。

## 一、建立专门的法律体系

美国是互联网的创始国，又独揽了互联网域名服务器管理的管理权。早在 1987 年美国就再次修订了《计算机犯罪法》。该法在 20 世纪 80 年代至 90 年代初被作为美国各州制定其他地方法规的依据。美国现已确立的有关信息安全的法律有《信息自由法》《个人隐私法》《反腐败行径法》《伪造访问设备和计算机欺骗滥用法》《计算机安全法》《电讯法》《儿童网上保护法》《公共网络安全法案》等。2001 年 10 月 26 日由美国总统签署的《美国爱国法》规定，联邦调查局和中央情报局可以侦查任何一部电话和计算机，不需要证明某电话和计算机正在被犯罪嫌疑人或行动目标使用。该法还允许网络服务商无须得到法院命令或传票就可以向执法机构透露个人通信情况。美国的《儿童在线保护法》明确规定，如果商业机构在网站上放置"有害内容"，而不在特定区域设立成人确认机制，以阻止 17 岁以下的未成年人浏览，要负刑事和民事责任。《儿童在线保护法》对"有害内容"的定义："对未成年人有害内容是指任何通信、图片、形象、图像文件、文章、录音、书写或其他形式污秽的东西，或者正常人以当代社会标准判断，把有关内容作为一个整体看，对未成年人而言，是用来迎合，或用来怂恿淫欲的；对未成年人来说，是用明显令人作呕的方式描写、描述或展示一种真实的，或刺激正常的或反常的性行为，或者淫荡地展示生殖器或已发育的女性乳房的；总体上对未成年人来讲，是缺乏严肃的文学、艺术、政治或科学价值的。"美国政府还成立了专门机构保护未成年人网上安全。例如，其司法部建立了打击儿童网络犯罪特种部队，为打击行动提供技术、设备和人力支持，帮助培训公诉和调查人员，开展搜查逮捕行动，协助案件侦缉；联邦调查局成立专门机构，负责辨认、调查网络上发布的儿童色情图像，搜寻相关不法分子，对其进行法律制裁。

德国是欧洲信息技术最发达的国家，德国于 1997 年出台了世界上第一部规范互联网传播的法律——《信息和通信服务规范法》，即《多媒体法》。还制定了《电信服数据保护法》《数字签名法》，同时及时修改完善了《刑法法典》《治安条例法》《危害青少年传播出版法》《著作权法》等，加强了对互联网传播内容的控制。《刑法法典》和《刑法修改法令》规定："凡是描述暴力、描述对儿童的性践踏或带有描述人与动物的性行为色情的内容"，都要"接受法律制裁"；"出版和发行复兴纳粹以及否认大屠杀的作品属于刑事犯罪。"《多媒体法》规定"禁止与纳粹有关的思想和激进右派政治言论通过互联网传播"。德国联邦内政部是负责互联网信息安全的最高国家机构，其职责之一就是重点防范有害信息及言论的传播。联邦内政部的信息技术安全局负责向社会发布安全警告，提供安全技术支持。依法设立了网络警察，负责监控有害信息的传播，一旦发现登有违法言论和图片的网站，要立即查封。

总之，法律是维护信息安全、打击犯罪的最有效工具。世界上其他一些国家都在加紧建立专门机构来保障信息安全。

## 二、采用内容分级系统等技术手段

2005年7月1日，美国政府宣布，基于日益增长的互联网安全威胁和全球通信与商务对互联网的依赖，美国将无限期保留对13台域名根服务器的监控权。所有的根服务器均由美国政府授权的互联网域名与地址管理机构ICANN统一管理，负责全球互联网域名根服务器、域名体系和IP地址等的管理。由此可以看出互联网的一个主要弱点就是它完全依赖于使用根服务器的域名系统。根服务器掌握着国际顶级域名的所有授权细节，保证互联网的稳定性是域名系统的首要任务。

英国通信管理局负责维护电子媒体的内容标准，以法律为基础，确保通过持续有效的机制，加强对互联网非法内容的管制，同时促进分级和过滤系统的建立，以帮助互联网用户控制未成年人所接触的网上内容。

## 三、倡导行业自律

英国采取政府机构和民间组织一起实施有关互联网信息安全方面的管理和监督的方式。1996年9月，英国网络服务提供商自发成立了半官方组织——网络观察基金会，在贸易和工业部、内政部及城市警察署的支持下开展工作。网络观察基金会是由英国的网络服务提供商们在政府的间接引导下自发组成的一个行业自律组织。主要工作是搜索网上非法信息，并将发布这些非法信息的网站通知给网络服务商，以便服务商采取措施，阻止网民访问这些网站，从而使网络服务商避免被指控故意传播非法信息而被法律制裁。

在美国，民众普遍赞成通过行业自律管理互联网上的内容，因为美国宪法第一修正案不允许政府干涉个人的言论自由和新闻自由。但实际上，美国主张的言论自由和新闻自由是有约束的自由。美国联邦法院的解释是，反对政府干预言论自由要有限制，宪法第一修正案允许政府对一些信息的公开采取限制措施，例如涉及国家安全信息、污秽的内容和商业信息等。特别是保护儿童免于被有害信息侵害。正因为这些原因，美国也由主张立法管制网络内容的国家，转入了要求从业者自律以及通过技术的方式对网络的内容做劝导与管理，并呼吁家长、业者、学校、图书馆及政府相关部门多方合作，对保护儿童不受影响身心发展的信息侵害，投入更多的心力。政府、企业还有消费者开始达成一个共识：与现在制定严格的法律规范相比，鼓励并坚持行业自律更为重要。

在澳大利亚，互联网产业和其监管者澳大利亚广播局（ABA）共同承担网络管制的责任，其目标是防范非法或受限制内容以其他形式出现。ABA所担负的责任是调查澳大利亚公众向其提出的申诉并采取相应行动。为此，ABA制定了四项战略：通过培植产业协会，评价、登记和监控行为规则的有效性，就规则的空白或失灵制定产业标准，保证产业发展，并主动遵守调整其社会义务的全面指导方针；对有关禁止性内容的申诉进行调查，遵从特定程序，以限制对禁止性内容的获得；研究社会对互联网的使用情况，对公众进行教育，以提高公众对解决内容问题的重视；密切关注和参与解决互联网内容问题的政府间行动和其他国际行动。而互联网产业所担负的责任是形成并遵守互联网产业行为规则。

从上述各国采取的措施可以看出，由于互联网信息安全所衍生的各种社会问题日益增多，各国政府均开始采用包括立法、自律等手段来加大对互联网信息安全的管制力度，然而由于文化背景、法律环境及政治制度等方面的差异，采取的方式有所不同。有的通过制定专门法律进行管制，如美国、澳大利亚；有的国家对社会意识形态采取严格控制，如德国；有的尝试行业自律以此实现管制目的，如英国。各国都有专门针对信息犯罪的法律，而且都把保护未成年人放在了重要的位置，无论从立法、民间机构的监督、新技术的开发都会首先考虑保护未成年人，使其免受来自网络的不健康内容的侵害。同时采用内容审查、分级或者过滤系统等技术手段。建立信息安全保障机制可以从立法、机构设置、管制方式等方面入手。

## 第三节 完善互联网信息安全保障机制的建议

由于互联网的快速发展，其已渗透到政治、经济、贸易、文化、媒体、教育、家庭等各个方面。互联网的发展带来了多种社会问题，越来越多地涉及公共政策的问题出现，甚至涉及国家的主权、社会稳定，因此政府参与互联网治理是非常必要和重要的。互联网信息安全政策的制定是各国政府的共同责任和天赋权力，政府在公共政策问题上居主导地位，具有决策权。

## 一、明确政府责任

政府是应急的组织和指挥者。首先，政府有控制一般网络信息安全事件演变为紧急或者危机事件的职责。其次，政府有能力控制紧急事件和尽快恢复正常的社会生活秩序。

政府是相关法律法规的监管者。政府体系的中心职能应该是为经济、社会的发展提供一套理性而合法的机制，如果政府不能确保这一机制的运转，那其自身的合法性将受到质疑。同时政府应该针对互联网发展趋势以及信息安全的薄弱环节，不断推进相关法规制度体系的建立健全和贯彻落实。

政府是网络道德的倡导者。众所周知，道德不是国家强行制定和执行的，而是依靠社会舆论的力量、人们的信念、习惯、传统和教育的力量来维持的。在信息安全立法尚未完善的情况下，网络道德作为一种"软"力量可以规范和制约人们的信息行为，但是仅仅依靠网络道德是不能解决信息安全面临的所有问题的。国家颁发的《公民道德建设实施纲要》中明确指出"要引导网络机构和广大网民增强网络道德意识，共同建设网络文明"。

## 二、加强专门立法

我国的互联网立法层次较低，基本是管制机构制定的部门规章、行政法规、规范性文件等，而且相互之间缺乏协调，还没有一部关于互联网的专门法律。因此，这些法律法规在一定程度上缺乏权威性。从这一点看，互联网管制立法应当出台层次较高的专门法律。

政府对互联网管制的最主要的手段就是立法。要科学合理地制定信息安全法律体系，应当选择合理的立法模式。我国信息安全立法模式可以从以下几个方面考虑：一是尽快制定信息安全的基本法；二是在信息安全基本法出台之前，可以先着手制定某些急需的单行法；三是尽量避免用制定地方性法规和部门规章的办法代替制定全国性法律法规。

解决互联网立法和信息传播责任界定难题，可以遵循以下两个原则。

第一，"不知者无罪"原则。德国《多媒体法》规定：服务提供者根据一般法律对其提供的内容负责；若提供的是他人的内容，服务提供者只有在了解这些内容、在技术上有可能阻止其传播的情况下才对内容负责；他人提供的内容，在服务提供者的途径中传播，服务提供者不对其内容负责。

第二，"知错必纠"原则。即服务提供者有责任在知情的条件下阻止违法信息传播。德国《多媒体法》规定，若服务提供者在不违背电信法有关保守电信秘密规定的情况下了解这些内容、在技术上有可能阻止且进行阻止不超过其承受能力，则有义务按一般法律阻止他人利用违法的内容。

主动融入国际信息安全法律体系。信息安全问题是事关全人类安全的一个国际化问题，只有全世界都行动起来，让各国法律相互接轨，形成一个严密的国际法律合作体系，才能真正打击信息安全违法行为，确保各国乃至整个人类的安全。因此，在制定政策和法律时，我国要特别注意和现有的国际规则兼容，包括在立法思想、方式方法上和具体法律法规等各方面的兼容；要积极主动地参与国际规则的创设，以维护我国的实际利益。

## 三、建立统一的管理机构

合理的立法为政府监管提供了依据。如何建立合理的管理机构，我国可以借鉴欧盟的经验，将网络和信息安全独立开来，设立各自独立的法律规范。对于网络的管理应该涉及所有的通信网络，包括传统的电信网、互联网、广电网和其他信息媒体网络，统一规划其发展目标，为信息安全管制提供基础保障。

国家广播电影电视总局、信息产业部联合发布的《互联网视听节目服务管理规定》已于2008年1月31日起施行。这意味着电信网、广播电视网、互联网"三网融合"迈出了实质的步伐。"三网融合"是网络业务发展的必然趋势，也是全球技术业务创新的重要领域。但是，很长一段时间之内，由于现有体制不能完全适应技术和市场的需求，我国"三网融合"的实际进展比较缓慢。

政府部门应该考虑建立一个统一的专门进行互联网管制的机构，同时设置主要由技术专家组成的咨询委员会。咨询委员会应当不仅是参谋机构，更应该对信息管制政策的制定有否决权。我国基本的信息安全管制政策应当主要由国家级信息安全管制机构全权负责，改变目前信息安全政策制定权分散在工业和信息化部、公安部、国务院新闻办、安全部、文化和旅游部等部委的现状。这样能够实现管制机构的统一，防止权力冲突与竞争。无论是新闻、影视、出版物、网络游戏还是其他文化产品，经数字化放到互联网上后其本质都是一样的，都是"比特"介质。因此，我国对传统媒体的这种分工管理上移植到互联网管理显然不适应，对互联网内容的管理应该归口。

设立新型电信管制机构时，应当遵循以下几个原则：独立性原则，即新型管制机构不仅要独立于电信运营企业，而且要尽量相对独立于任何政府行政部门；依法设立原则，应当通过《电信法》或专门的管制机构法来明确管制机构的职责权限；集权式原则，建立一个综合性的管制机构；融合性原则，新型管制机构的监管范围应包括整个信息通信领域，包括广播电视传输网等。

## 四、运用技术手段

### （一）建立互联网信息安全应急管理体系

应急管理体系是互联网信息安全保障机制的重要内容。应急管理体系是否合理直接关系到法律实施的效果。我国网络信息安全应急管理体系应为一元化的两层结构。所谓一元化，是指国家应当建立应急协调机构，统一负责网络信息安全应急管理工作。而两层结构是指应当发挥行业和省级政府的优势，加强应急管理。

对于涉及国家安全或经济发展的互联网信息安全紧急事件，必须由政府统一协调指挥，控制事态的进一步恶化，尽快恢复互联网的正常运行和正常的社会生活秩序。政府协调指挥有以下几方面优势。首先，政府有控制一般网络安全事件演变为紧急或危机事件的职责；其次，政府有能力控制紧急事件和尽快恢复正常社会生活秩序；最后，政府掌握着大量的网络安全信息，可在关键时刻启动应急预案，保障国家基础设施连续运营。

建立互联网信息安全应急体系，可以在不同的层面来保障信息安全的五个属性。例如，通过取消权限来控制非法入侵者的进一步的行动，以保障系统的机密性；建立必要的重发机制来保证信息传递中的完整性；建立最小灾难备份系统来保证信息系统在受到灾难性攻击时的基本可用性；通过设置黑名单的方式将信息系统中多次出现破坏真实性的用户排除在信息系统的合法使用集合之外；通过采用阻断方式来保障系统的可控性，以便及时隔离病毒的蔓延，避免因网络流量异常而造成网络的进一步拥塞。

### （二）稳步推行内容分级系统

各国政府与组织越来越重视网络内容的规范与管理。依照目前国际情势，除新加坡、德国、澳洲与中国大陆外，其他国家皆倾向采取"网络内容分级制度"，合乎网络发展特质又兼顾保护未成年人的柔性政策。

网络分级制度的设立标准，以美国麻州理工学院所属的 W3C 推动的 PICS 技术标准协议为代表，该协议完整定义了网络分级所采用的检索方式和网络文件分级卷标的语法。此分级方式是透过累积不适当网络信息的数据库系统，作为筛选的标准。另外，以 PICS 为发展核心所研发的 RSAC 分级系统（RSAC on the Internet），主要是以网页呈现内容中的性（Sex）、暴力（Violence）、不雅言论（Language）或裸体（Nudity）表现程度等四个项目作为依据进行分级。

由于 PICS 发展主要的理念是"使用的控制，而非检查"，而 RSAC 的控管也是希望能够通过分级控制，将权力与责任交给师长、ISP 业者、ICP 业者，通过各方面的协调与配合，既不至危害到网络的自由创作与言论自由，又得以保护未成年人免于受到影响身心发展信息的侵害。具体可以采取以下方式。

1. 劝导落实分级制度

依照世界各国对网络内容管理政策的趋势，国际主张以分级制度方式，对网络信息的规范标准，国内亦可依照此种方式对网络进行管理。在中文网页中，以推行劝导方式，标记清楚且明显的分级符号，使大众在进入该网页时，得以做事先的预防与准备，并且在实行上，参照电视分级制度的方式，将分级标识显示在网页上。

2. 政府在网络内容管理的角色需格外注意

基于保护未成年的立场，政府希望能够对网络内容有所规范，然而网络发展的本质与其拥有的特性，亦是政府所应该特别注意的地方。政府应秉持科技中立的立场来面临新科技发展，扶持或是管制，都会影响该科技对人们生活的改变。

3. 使用者有权决定选择何种网络内容

对于网络内容的取决，不应由政府机关或是其他单位来决定，而将选择内容的权利，交由网络使用者。让使用者在网络上，依循网络自由创作信息的本质，让信息得以有更多的创新与积累。

## （三）建立自己的根域名服务器

域名系统是典型的树型结构，而美国早就占据了树根的部分，其他国家加入互联网中，只能处在树的枝权或树叶部分。互联网的安全运行对根域名服务器的依赖就像"把所有的鸡蛋放在同一个篮子里"，是非常不安全的事情。而由一个国家独自掌控根域名服务器，就像"把所有的鸡蛋都放在别人的篮子里",是更加不安全的事情。如果没有域名根服务器,国内的域名服务器首次解析某个域名时,都需要到国外的域名根服务器获得顶级索引,才能进行解析。

我国已经引进域名根服务器的镜像服务器和 .COM/.NET 服务器的镜像服务器,困扰我国互联网用户的网速和安全问题有望根本好转。在引进域名根服务器之后,该如何对域名根服务器进行管理,确保其有序、高效的使用和运转,将是我国有关职能部门目前面临的重要问题。

## 五、倡导道德规范

加强网络文化建设和管理,营造良好网络环境,构筑健康网络道德,是建设和谐文化的应有之义。然而,在虚拟的网络空间,道德规范的缺失问题却日益严重地凸显出来,诸如网络色情、网络诈骗、网络恶搞、网络谣言等现象层出不穷,这与建设和谐文化的要求是不兼容的,应引起全社会的警惕和反思。虽然法律层面、技术层面的保障对于信息安全是起着举足轻重的作用,但仅有这样的保障是不够的,对于突飞猛进的信息技术,技术手段是不够完备的,法律又因为程序复杂而未能及时保护。为了信息安全能够得到安全保障,必须从道德层面来弥补法律和技术之不足。

对互联网服务提供者而言,其负有的道德责任包括应确保只向授权用户开放网络信息;应谨慎、细致地管理和维护网络信息;应及时更新网络安全软件。对于网络用户而言应负有的道德责任包括不应非法干扰他人正常使用网络;不应利用网络技术窃取钱财、商业秘密、他人隐私等;不应未经许可使用他人的信息资源。

### (一)构建网络诚信体系

之前,国内最大的独立第三方支付平台——支付宝进行了国内首个以信任为主题的互联网信任环境调查。其调查结果显示,62% 的网民认为互联网可信度很高,把互联网作为获取信息的主要渠道,另有 37% 的网民认为互联网可以作为日常行为的参考。通过此次调查,我国网民对于互联网整体信任度有了较大提高,对互联网环境持乐观态度。企业信任度方面,信任有品牌知名度网站的网民占到 52%,38% 的网民信任通过相关机构认证的网站,仅有 2% 和 8% 的网民是通过熟人介绍和自己对比来发现可信赖网站。从调查结果来看,阿里巴巴、新浪、盛大、携程等大型网站通过近年来的发展,已经建立了强大的商业信誉度,是网民获取信息的主要渠道。网上购物也是最能体现互联网信任环境的经济活动。此次调查显示，75%的网民进行网上交易最看重商家的资质和诚信；16%的网民会选择自己最需要的商品；价格因素成为网民最不关注的问题，仅占到16%。73%的网民表示，在网上交易前，一定要考虑商家的诚信度，在价格相差不多的情况下，网民更愿意与诚信度高的商家做交易。在如何进一步改善互联网信任环境方面，56%的网民认为成立第三方信用评价体系，所有商家和个人必须经过认证和审核，利用技术手段进行监控都非常必要，并且88%的网民认为非常有必要给诚信的企业和个人贴上"信用标签"。

专家指出，在当前情况下，应该以行业自律为基础，对诚信的企业和个人要给予相应的标志，同时加快建设企业和个人的网上诚信档案。

### （二）加强行业自律和网民监督

对互联网内容的治理，单靠某一方面的力量显然是不够的，这需要政府、企业和第三部门等三方面共同推动。行业协会等中介组织负责执行互联网标签技术的追踪和监督，企业继续遵守自律公约，网民自觉遵守相关法律法规和社会道德公约。有专家认为，政府主导下的中国互联网信息安全应该激发公众主动参与的积极性，激发企业经营者的社会责任感，而政府在其中的作用主要是确立标准、界定有害和不良信息，做好引导和教育工作等职能。互联网开放性、互动性的特质决定了互联网治理要充分发动公众参与，公众既是信息传播者又是信息的获取者，因此充分发挥公众的力量是互联网治理事半功倍的有效途径，传统的管理观念已经不能适应对互联网的管理。充分发挥"中国互联网违法和不良信息举报中心"平台的作用，接受公众对互联网违法和不良信息的举报，推动和组织互联网信息服务行业的自律，开展互联网法制和道德建设的公共教育活动。

### （三）政府引导

政府是网络道德规范治理的执行主体，必须加强对网络道德的管理和监督，通过政策引导来推动互联网的良性发展。要把建设和谐文化的要求贯穿于政府网络治理的全过程，推进社会主义核心价值体系建设，促进社会主义文化的大发展大繁荣。网络治理政策的制定与实施要切合互联网发展的要求，要坚持以建设和谐文化为目标，以社会主义核心价值理念为指导，促进和谐共生、健康有序的社会主义新型网络道德规范的生成和发展。目前，在政府治理层面，我国已经制定了一系列不同层级、相互配套的网络治理政策体系。网络治理政策的制定和完善是一个动态的过程，在未来的网络道德规范示范治理中，政府治理应坚持政策与教育相结合的思路。

## 六、建立国际监管体系

互联网信息的开发性、跨地域等特点决定了对其管制活动需要全球共同合作，因此我国应参与国际组织的管制活动。信息安全威胁是全球性的，涉及经济、司法、外交、技术等多方面，需要国际多方面的紧密合作，才能保障基础信息网络的安全。我国在有关国际组织中积极开展基础网络信息安全保障的国际合作，如亚太经合组织、世界贸易组织、"东盟10+3"架构、国际电联和国际计算机应急响应论坛组织等经济与技术组织，并在其中积极发挥作用，提出议案，开展项目合作，推动双边和多边交流等，发挥应有的主导的作用。向发达国家学习，争取在比较高的起点上建立健全我国的信息安全保障体系。

### （一）建立国际互联网法制体系

由于世界各国的政治、经济、文化等背景不同，尤其在法律方面存在着差异，制止跨国性网络犯罪在很多方面无法达成共识，导致超越地域性的互联网规范和管理发生混乱。在这种情况下，必须建立健全互联网国际法制体系，为协调世界各国在处理网络犯罪相互关系方面提供保障。建立健全互联网国际法制体系应满足以下两方面条件。首先，国际互联网法律法规必须合理，与国家政治制度及信仰无关，无论对发达国家还是对不发达国家应普遍适用，不应有任何例外。其次，要建立国际互联网法院，其由独立的法官若干人组成，其中每个成员的国籍不得重复，应在本国具有高级司法职位的头衔，国际互联网法院主要负责对具有破坏性的跨国网络行为进行法律裁决，对跨国性网络犯罪案件调用各种力量进行侦察、侦破和审理。

### （二）建立国际互联网监管机构

为使国际互联网监管体系有效发挥作用，有效减少跨国性网络犯罪，应设置国际互联网监管机构。其职能包括协助国际互联网法院执行有关法律法规；协助国际互联网法院对执法团队进行机构设置、人员安排及业务管理；负责调解世界各国在规范与管理互联网中产生的国际性冲突和矛盾；促进世界各国在提高网络媒体规范与管理能力和合作打击跨国犯罪中相互配合。

国际互联网监管机构一方面作为全球互联网技术发展问题的调解枢纽，

负责编写和审查互联网技术标准及标准程序，依据法律法规和国际社会道德，审理互联网中应用的各种软件和硬件设施；另一方面作为预防网络跨国犯罪的组织中心，以多种形式与世界各地建立网络媒体规范与管理的联系，使自己的工作得到世界各国的支持和认同。

# 第四章　中外互联网信息安全法制建设比较

从 20 世纪 90 年代末期开始，随着计算机技术、通信技术及网络技术的迅猛发展和广泛应用，引发了一场全球范围内的信息革命，全球信息化的步伐不断加快，信息型的社会正在形成并不断走向成熟。信息逐渐成为社会发展的一种重要的战略资源。当前，国际上围绕信息获取、使用和控制的斗争愈演愈烈，信息安全成为维护国家安全和社会稳定的一个焦点，信息安全问题如果解决不好将全方位的危及一个国家的政治、军事、经济、文化、社会生活的各个方面，使国家处于信息战和高度经济风险的威胁之中。因此，各国对信息安全都给以极大的关注和投入。从信息安全的法制建设方面来看，国外有关信息安全立法研究较早，美国政府早在 20 世纪 80 年代就把信息安全问题提上议程，1987 年再次修订了《计算机犯罪法》，随后根据网络发展和现实需要，出台了一系列信息安全政策法律；德国是欧洲信息技术最发达的国家之一，在其发展初期阶段就对信息安全立法进行了规范，1997 年出台了《信息和通信服务规范法》，即《多媒体法》；英、法、意、日等发达国家和印度等发展中国家及欧盟等组织也针对信息安全制定了一系列法律法规。但到目前为止，还没有一部系统的、完整的信息安全法，有关这方面的研究在国外仍然是一个很前沿的课题。

## 第一节　互联网信息安全立法概述

我国信息安全法制建设较为薄弱，有关信息安全立法研究是从 20 世纪 90 年代开始的，起步相对较晚。现有的信息安全法律法规存在很多问题，立法层次较低，不完善、不成熟，有些地方过于笼统缺乏可操作性，且很多方面存在空白，没有形成系统的、条理清楚的体系。而我国作为一个发展中的大国，当前尚处于信息化建设的初级阶段，国民经济和社会"全面、协调和持续发展"所面临的信息安全形势十分严重。因此，深入分析我国现行信息安全法律法规存在的问题，要借鉴发达国家信息安全立法的经验，完善我国的信息安全法律法规将具有深远而特殊的意义。

# 一、信息安全

## （一）信息安全内涵的演变与发展

人们对信息安全的认识，经历了一个由浅入深、由此及彼、由表及里的深化过程和由肤浅到深入、由片面到全面、由离散到整体的历史过程。在计算机问世以前，信息安全并没有引起人们太多的关注，各个国家只是从信息保密的角度来规制信息安全。随着计算机的问世和通信技术的迅速发展，信息安全逐步引起人们的重视，这个时期，信息安全的内涵就是通信保密，针对专业化的攻击手段，采用的保护措施就是加密，这个时期被称为通信保密时代。到20世纪90年代前后，随着信息技术和互联网的发展与应用，人们意识到数字化信息除了有保密性的需要外，还有信息的完整性，信息和信息系统的可用性需求，因此明确提出了信息安全就是要保证信息的保密性、完整性和可用性。这一时期被描述为网络和信息安全阶段。详细划分的话又可分前后两个区分，先是信息安全时期，其标志是1977年美国国家标准局公布的国家数据加密标准（EDS）和1983年美国国防部公布的可信计算机系统评价准则（TCSEC）。此后从90年代后期开始，信息安全在原来的概念上增加了信息和系统的可控性及信息行为的不可否认性要求，信息安全有了新的内涵，即保护和防御信息及信息系统，确保其保密性、完整性、可用性、可控性和不可否认性。保密性是指对抗对手的信息攻击，保证信息不泄露给未授权人；完整性是指对抗对手的主动攻击，防止信息被未经授权人篡改；可用性是指信息可被授权使用者合理的正常使用，不被非法拒绝；可控性是指信息内容和信息传递方向可以被有效控制；不可否认性是指信息在交互过程中，所有参与者都不可能否认和抵赖曾经的操作和承诺。

## （二）信息时代的信息安全观

信息时代，伴随着信息安全内涵的不断发展和演绎，人们开始认识到信息安全是涉及信息化社会整体的安全，绝不是指某一个具体的安全，关系到一国安全的方方面面，而且由于信息国际化、社会化、开放化和个人化的特点，使各国的信息安全也突破了原有的国界，不断向国际范围拓展，信息安全观有了新的变化，即"综合安全"，其表现为将一国的领土、人口、资源、政治主权以及经济、文化、社会、科技、环境等因素作为安全的综合要素都纳入信息安全的视野；同时，也考虑到信息安全手段的综合化，即任何一国不能单凭军事手段来保证国家的绝对安全，国家还必须综合运用经济文化科技及环境等手段来维护国家安全。

"共同安全"表现为安全边界的扩大化，即国家的经济安全，环境安全，信息疆土安全和资源安全等仅靠一国或几国的努力来维护是不够的，仅在国家领土范围内也很难得到有效的保证。国家有权利，也迫切需要维护自己的已被融入世界的国家安全利益，多边安全合作已成为各国维护自身国家安全的强有力的手段。

"普遍安全"表现为安全主体多元化，即信息安全的主体突破了国家的局限，在以"国家安全"为中心的基础上，向上扩大到"全球安全"和"人类安全"，向下延展到"个人安全"。按主体来分，目前主要分为"个体安全""人民安全""集体安全""地区安全""世界安全""全球安全""人类安全""共同安全"等。因此，一个国家的安全维护不可能只求自身平安，还要考虑到与自己有关的其他国家和地区的安全以及国际社会整体的安全。

## （三）信息安全在国家安全中的地位

信息时代网络的开放性、共享性以及互联程度的不断扩大，特别是互联网的出现，使得信息安全的重要性和对社会的影响也越来越大。尤其是我国实施信息化建设以来，网络计算机信息系统成为各行业、各领域信息存储的载体和信息交流的工具，其存储、传输和处理着许多重要的政府宏观调控决策、商业经济信息、银行资金转账、股票证券、能源资源数据、科研数据等重要信息。这里有的是敏感性信息，有的甚至是国家机密，难免会受到各种主动或被动的人为攻击，造成信息泄露、信息被窃取、数据篡改等严重后果，有时甚至危及国家安全。

信息安全涉及政治、经济、军事、文化等方方面面，由于信息技术发展在地域上极不平衡，信息强国对于信息弱国已经形成了战略上的"信息位势差"，居于信息低位势的国家的政治安全、经济安全、军事安全乃至民族文化传统都将面临前所未有的冲击、挑战和威胁，互联网成为超级大国谋求跨世纪战略的工具。"信息疆域"不是以传统的领土、领空、领海来划分，而是以带有政治影响力的信息辐射空间来划分。"信息疆域"的大小，"信息边界"的安全，关系到一个民族、一个国家在信息时代的兴衰存亡。信息安全发展成为影响国家安全和社会稳定的一个焦点，各国都给予了极大的关注和投入。信息安全保障能力是 21 世纪一个国家的综合国力、经济竞争实力和生存能力的重要组成部分，是 21 世纪世界各国奋力攀登的制高点。信息安全问题如果解决不好，将全方位的危及一个国家的政治、军事、经济、文化、社会生活的各个方面，使国家处于信息战和高度经济风险的威胁之中。

## （四）信息安全现状

信息时代，以网络为基础的社会总体信息结构（军事、经济、政治、管理，乃至交通、通信、医疗等一切方面）已逐步形成，由于网络的固有特性，使其信息安全面临巨大挑战。

计算机犯罪日趋严重。在国际刑法界列举的现代社会新型犯罪排行榜上，计算机犯罪名列榜首。据有关方面统计，美国每年计算机信息犯罪的发案率增长了 400%，英国每年计算机信息犯罪增长率为 213%。美国每年由此而遭受的经济损失超过 170 亿美元，德国也在数十亿美元，法国为 100 亿法郎，日本、新加坡问题也很严重。而我国近年来与计算机网络有关的违法犯罪行以每年 30% 的速度递增，引起的经济损失数以亿计。

拒绝服务攻击泛滥。从 2016 年到 2017 年，拒绝服务攻击从 27% 上升到 42%。这些拒绝服务攻击已经不仅仅是一台或几台机器发起的了，攻击者们控制成百上千的"僵尸"计算机，除了进行常规的拒绝服务攻击、DOS 讹诈之外，甚至利用蠕虫来进行传播和攻击。

垃圾邮件与反垃圾邮件之间的斗争愈演愈烈。对于各界人士关心的垃圾邮件问题，网络服务商和邮件运营商们纷纷提出了自己的技术方案，例如雅虎的"Domain Keys"，其利用公／私钥加密技术为每个电子邮件地址生成一个唯一的签名，实现对邮件发送者的身份验证；微软的"电子邮票"有偿发送邮件方案；AOL 正在试验一种名为"Sender Permitted From"（SPF）的新电子邮件协议，禁止通过修改域名系统（DNS）伪造电子邮件地址等。然而垃圾邮件发送者并不是坐以待毙，而是主动出击，对反垃圾邮件网站进行了拒绝服务等各种攻击。

## 二、信息安全法

### （一）信息安全法的概念

20 世纪 90 年代后期，我国学者开始了有关信息安全法方面的探索和研究，从目前掌握的资料来看，我国学者在研究过程中，多数文献题名除了用"信息安全法"这一概念以外，还用到"网络信息安全法""信息网络安全法""国家信息安全法""网络安全法"等相关概念，但如果对这类文献内容进行阅读分析，就可以发现它们在内容上并没有什么明显区别。主要是从网络与信息系统安全、信息内容安全、信息安全系统与产品、保密与密码管理、计算机病毒与危害性程序防治、个人隐私及数据保护、金融等特定领域的信息安全、信息安全犯罪制裁等方面展开论述的，且所有文献对我国有关方面的具体法律法规，从分层、归类、到内容论述都基本一致。另外，各种信息安全会议或论坛关于信息安全法的论述也不外乎以上几个方面，且重点都放在与网络有关的信息安全上面。因此，信息安全法是调整信息在采集、存储、处理、传播和利用过程中所产生的各种与信息和信息系统的保密性、完整性、可用性、可控性及不可否认性等安全问题有关的全部法律规范，包括信息安全监管、信息安全标准等与信息安全有关的具体法律法规。其重点是调整网络空间信息在采集、存储、处理、传播和利用过程中所产生的安全问题。而且对于信息安全法调整的范围，人们应该用发展的眼光来看，因为信息安全是信息技术不断发展的结果，所以信息安全法的调整范围会跟随信息技术的发展不断扩大，渗透到社会生活和国家安全的方方面面。

### （二）信息安全法的法律地位

法律地位的高低决定了信息安全法的体系结构和内容，关系到信息安全法解决信息安全问题的能力、效率和效果。而且信息时代，社会信息化建设过程中出现的各种关系国家安全的信息安全问题在呼吁信息安全法的制定，因此对信息安全法的法律地位研究具有现实的重要意义。依据目前我国对法的分类和社会发展的实际情况，信息安全法应是国内法的特别法，应该放在优先地位对待。其理由有以下几点。

首先，尽管信息安全法所调整的信息安全问题在世界各国具有共性，但由于各国的政治、经济、文化、法律发展不平衡，且具有很大差异，所以一部能够调整所有信息安全问题的国际法在相当长的一段时间内是不可能制定出来的，信息安全法目前只能是一部国内法。

其次，信息安全法作为调整信息活动中出现的信息安全问题的法律规范，应从属于信息法，因此信息安全法不能作为部门法对待。

再次，与其他一般法相比，信息安全法的法律关系主体、时间和空间都具有明显的、自身的和时代的特征。信息安全法的法律关系主体具有虚拟现实性，即网络空间，信息活动主体的身份多为虚拟身份，是物理空间真实活动主体身份的延伸和衍生，具有识别困难的特点。信息活动主体的活动时间也有区别一般活动时间的特点。网络空间，信息活动主体的活动时间具有瞬息万变捉摸不定的特征，很多的行为就是在短短的几秒钟之内发生的，而且在几秒钟之后，可能完全是另一个样子，给行为的认定造成了困难。信息活动主体的活动地点的跨地区、跨国别性，即行为实施地和行为结果发生地经常不一致，处于相互分离的状态，这种信息活动在地理位置方面的特性为信息安全犯罪司法管辖权的确定带来了很大的困难。因此，信息安全法应是一部特别法。

最后，我国当前正处于信息化建设的关键时期，信息安全问题解决不好，将直接关系到信息化的进程，因此应尽快制定一个完善的、系统的、像网络结构一样的信息安全法，以促进信息化的健康发展，所以信息安全立法应放在优先的地位，尽快解决。

## （三）信息安全法的法律关系

依据一般的法学原理，法律关系是指法律规范在调整人们行为的过程中形成的权利与义务关系，即人们相互结成的一种特殊的社会关系。它是由法律关系的主体、客体和内容（权利和义务）三个要素构成的。使用这一理论的信息安全法律关系也是由主体、客体和内容三个要素构成，三个要素密切相关，缺一不可。

### 1. 信息安全法律关系的主体

信息安全法律关系的主体是指信息安全法律关系中的权利享有者和义务承担者。信息安全法律关系的主体比信息法律关系的主体范围要广，不仅仅包括参加信息活动的主体（获取信息的主体、处理加工信息的主体、传播信息的主体和存储信息的主体），还包括一些非信息活动主体，信息安全设备和信息安全技术的监管部门等。这是由信息安全法调整的社会关系的广泛性决定的。如果从一般所说的法律形态的角度出发，可以把信息安全法律关系的主体分为自然人、法人和国家。但考虑到信息安全法中涉及具有特殊性质的网络空间，可将互联网服务提供商（ISP）与互联网信息提供商（ICP）、电子商务服务提供商（ESP）、应用服务提供商（ASP）、主机托管服务商

(HSP）作为一类独立的主体，与自然人、法人和国家并列作为信息安全法律关系的主体。需要注意的是信息安全法律关系主体的资格和条件是由法律加以规定的，只有依法具备一定条件和资格的参加信息活动或与信息安全有关的活动的主体，才能够成为信息安全法律关系的主体。

2. 信息安全法律关系的客体

信息安全法律关系的客体是指信息安全法律关系主体权利和义务所指向的对象。信息安全法律关系的客体是信息资源，这里所说的信息资源是广义的信息资源，具体包括信息、信息系统、信息技术、信息基础设施等。和其他法律关系的客体一样，并不是所有的信息资源都能成为信息安全法律关系的客体，只有那些能够满足信息安全法律关系主体的需求和利益，同时又能得到法律保护的信息资源，才能成为信息安全法律关系的客体。而且，信息安全法律关系的客体范围并非一成不变的，它将随着社会信息化进程的深入和信息技术的发展不断扩大。

3. 信息安全法律关系的内容

信息安全法律关系的内容是指信息安全法律关系主体之间的权利和义务，即相应法律法规所规定的权利和义务。信息安全法律关系主体的权利，是指其依法所享有的保证信息及信息系统的保密性、完整性、可用性、可控性和不可否认性的权能，是法律主体依法为或不为一定行为，并要求他人为或不为一定行为的可能性，以及因他人侵权而要求国家保护的可能性。这种信息安全权利源于法律的规定，受法律保护，并且其以义务人履行相应的义务作为保证。信息安全法律关系主体的义务，是法律主体依法必须为或不为一定行为的必要性，其是法律对法律主体行为的约束。法律主体履行其信息安全义务，是保证信息安全权利有效实现的必要条件。法律主体如违反法定的信息安全义务，侵犯信息安全权利，其就应当承担相应的法律责任，就要受到法律的制裁。信息安全法律规范是通过规定主体的权利与义务，并通过权利义务机制来调整由信息安全引起的社会关系。

## 第二节　中外互联网信息安全法制建设比较

信息时代，信息已正式成为社会发展的重要战略资源，国际上围绕信息的获取、使用和控制的斗争愈演愈烈，信息安全成为影响国家安全和社会稳定的一个焦点。信息安全问题如果解决不好将全方位的危及一个国家的政治、军事、经济、文化、社会生活的各个方面，使国家处于信息战和高度经济风险的威胁之中。因此，各国对信息安全都给以极大的关注和投入，首先从信息安全的法制建设入手，制定信息安全的法律法规，完善信息安全保障体系，以期确保本国的信息安全，促进经济繁荣和推动信息化的健康发展。我国作为一个当前尚处于信息化建设的初级阶段发展中的大国，国民经济和社会"全面、协调和持续发展"所面临的信息安全形势十分严重。虽然近年来我国在信息安全法制建设方面加大了工作力度，制定了一系列有关信息安全的法律法规，取得了令人瞩目的成绩，为我国信息化的建设起到了极大的推动作用。但我国信息安全法制建设仍然存在很大的问题，而且随着信息技术的发展和网络在我国社会生活各方面作用的日益突出，我国信息安全法律法制建设的滞后和不完善问题也日趋明显。

# 一、国外信息安全法制建设分析

## （一）国外信息安全法制建设概况

从国外来看，信息安全立法也不久远。美国是世界上信息化最发达的国家，也是计算机和网络普及率最高的国家，有关信息安全的立法活动也进行得较早。美国信息安全法制的建设可以追溯到美国对计算机犯罪的处置。1966 年美国首次发生了侵入银行计算机系统的案件，这也是世界上最早的计算机网络系统安全案件。为了规范网络行为，加强网络安全，美国先后制定了一系列的法律法规加以规范。1977 年美国颁布了《联邦计算机系统保护法案》首次将计算机系统纳入法律的保护范畴。随后美国 48 个州先后就计算机犯罪问题进行立法。但美国对信息安全问题的重视是 20 世纪 80 年代末的事情，于 1987 年再次修订的《计算机安全法》是美国关于计算机安全的根本大法，在 20 世纪 80 年代至 20 世纪 90 年代初被作为美国各州制定其他地方法规的依据。美国还特别重视对信息网络中公民个人隐私权的保护，先后制定了《联邦电子通信隐私法案》《公民网络隐私权保护暂行条例》《儿童网络隐私保护法》等。此外，美国在网络知识产权保护、色情暴力禁止、电子商务方面都制定有相应的法律法规。美国作为信息安全方面立法最多而且较为完善的国家，据说已颁布有关计算机、互联网和安全问题的法律文件有近百个。

近年来，俄联邦政府根据国情制定了一系列信息安全保障法律、政策和信息安全风险分析原则，针对性极强，在解决有关信息安全问题方面取得了一定的效果。在这些法律法规中最重要的是《联邦信息、信息化和信息保护法》。该项法规主要针对信息技术和信息系统的发展问题，强调了国家在建立信息资源和信息化中的责任，明确界定了信息资源开放和保密的范畴，提出了保护信息的法律责任。之后俄罗斯颁布了新的《俄罗斯联邦刑法典》，该法典专门设有"计算机信息领域的犯罪"一章，规定了计算机犯罪的处罚办法。

德国是欧洲信息技术最发达的国家之一，其电子信息和通信服务已涉及该国所有经济和生活领域。由于互联网在电脑信息和通信服务行业中的重要性，德国政府在其发展的初始阶段即对其立法进行规范。1986年德国将计算机犯罪的7个新条目列入刑法。1997年6月13日德国联邦会议通过了《信息和通信服务规范》，即《多媒体法》，并于1997年8月1日生效。德国成为世界上第一个对互联网应用的行为提出法律规范的国家。该法由3个新的联邦法律和6个现有法律适用于新媒体的附属条款所组成。涉及了有关互联网的方方面面，从ISP的责任、保护个人隐私、数字签名、网络犯罪到保护未成年人等，是一部全面的综合性法律。此外，德国政府还通过了《电信服务数据保护法》，并根据发展信息和通信服务的需要对《刑法》法典、《传播危害青少年文字法》《著作权法》和《报价法》做了必要的修改和补充。

国际组织作为一个通过制定相关协议或条约来解决国家或地区间矛盾冲突的中间机构，在信息安全问题日益突出的今天，其在信息安全立法过程中的作用和影响不容忽视。在隐私保护方面，联合国将隐私权作为一项基本的人权数次纳入国际公约条款中。早在1948年，联合国大会通过的《世界人权宣言》就明文规定："任何人的私生活、家庭、住宅和通信不得任意干涉，他人的荣誉和名誉不得加以攻击。人人有权享受法律保护，以免受这种干涉或攻击。"之后，联合国通过的《公民权利和政治权利国际公约》中做了几乎完全相同的规定，只是将"不得任意干涉"改为不得加以任意或非法的干涉，从而使含义更加明确。欧盟也制定了相应的指令性文件，例如《关于在自动运行系统中个人资料保护指令》《欧盟隐私保护指令》等。欧盟还陆续通过了一系列与电子商务相关的指令，包括《数据保护/隐私指令》《内部市场电子商务若干法律问题的指令》《电子签名统一框架指令》和《有关电子签名的法律框架指南》等。

## （二）国外信息安全法制建设的经验

由于信息网络技术在整个世界范围内广泛应用的时间较短，同时信息网络技术的发展与更新又非常快，在较短时期内不可能有十分完善的法律体系去规范它，因此总的来讲各国在这方面的立法与实践都处于初期阶段。不过，有些起步相对早一些的国家及国际组织，已经积累了一定的经验，值得我国认真研究和借鉴。

1. 通过专门法律来消除现行法律适用的技术障碍

在信息网络发展初期，各国对于网络法律管制并没有清晰的认识，甚至出现了法制虚无主义论调。但经过一段时间的研究之后，各国都相继发现现行的大部分法律是适用于网络的，因此纷纷开始通过立法确认网络技术的中性特征，确认网络上的活动不应因其网络技术特性而享受法律管辖的豁免以及法律上的歧视。这些国家的法律大致采纳了以下三大原则：媒介中性原则，是指交易无论通过纸质媒介还是电子方式达成，均具有同等的法律效力，应受平等对待；技术中性原则，指交易当事人有权自行决定进行电子交易的具体方式，法律不应歧视不同种类的技术；功能等同原则，该原则是指通过对传统纸面要求的功能与目的的分析，以确定如何通过电子商务技术来实现其功能和目的。采用功能等同法，不应对电子商务的使用者提出比纸面环境更严格的安全标准及相关成本。这三大原则最早确立于1996年联合国国际贸易法委员会的《电子商务示范法》中，在此后的各国电子商务法、计算机信息服务法、电子签名法等涉及网络的立法中均有所体现。

2. 通过专门法律来解决网络时代出现的新问题

世界各国在肯定现行法的框架下，解决信息网络出现的新问题的立法主要包括以下三个方面的内容。

（1）依法打击网络犯罪

单纯的技术保障措施难以完全保证网络运行的安全，因此相应的法律保障措施必不可少。目前，各国政府纷纷采取各种措施，出台法律规定，规范网络行为。其中最重要的是，打击利用网络盗取国家机密、商业秘密和其他有用信息的网络犯罪行为。美国制定的《计算机欺诈与滥用法》，英国制定的《英国计算机滥用法》，这些法律都有对利用网络进行犯罪的特别规定。甚至有的国家还成立了专门对付网络犯罪的组织，如美国由联邦调查局计算机犯罪缉捕队负责各种类型的计算机犯罪的调查和防治工作。当然，由于网络无时空限制，真正打击网络犯罪需要国际合作。为此，联合国出台了《联合国电脑犯罪与防范指南》，号召加强国际合作以有效遏制信息网络犯罪。

（2）依法规范个人信息的收集与利用

网络技术为收集和利用个人信息提供了便利，以至于收集、开发和利用各种信息正在成为一种新兴的营利性事业。但是，不当收集和利用个人信息会严重侵害个人隐私权，并最终导致消费者远离信息网络。因此，保护个人隐私就成为促进信息网络发展的新问题。有鉴于此，各国纷纷制定（或正在制定）保护网络隐私权的法律。

在隐私权立法方面，国际组织发挥着重要的作用。例如，经合组织于1980年颁布了《隐私保护和个人资料跨界流通指南》，要求成员国在保护个人资料方面要遵循八项原则；欧盟于1995年10月发布了95/46/EC号指令——《关于在个人数据处理中对个人的保护和此类数据的自由流动》，然后又于1997年12月发布了97/66/EC号指令——《关于在电信部门中个人数据的处理和对隐私的保护》。通过这两个指令，欧盟既保护了人们在网络上的隐私安全，又规范和促进了信息网络业的发展。美国等国也制定了许多有关隐私保护的法案，其中的《儿童在线隐私保护法案》和《电子通信隐私法》具有一定的代表性。

（3）创设新的知识产权

信息网络技术不仅可以将传统的信息数字化在网络上传播，而且还创制出了新形态的智力成果表现形式。因此，互联网络不仅对传统知识产权的保护提出了挑战，而且需要创设新的权利，以保护网络上的智力创作成果。为此，各国专门通过一系列的立法对知识产权保护进行疏导。

在网络著作权方面，世界知识产权组织于1997年通过了《版权条约》和《表演和录音条约》，美国、日本、欧盟等也都制定了关于网络著作权的法律。这些国家和国际组织通过法律增设了网络传输权，保护了传统作品在网络上的权利，承认了网络作品的版权，使所有具有独创性的智力成果均能得到有效的法律保护。同时，还放开了网络上的法定许可，使网上信息传播更加迅速。

在域名与商标方面，国际社会在肯定合法注册的域名受法律保护的前提下，严厉打击域名抢注行为，保护了企业所享有的商标权和其他在线权利，特别是加大了对驰名商标的保护。世界知识产权组织于1999年4月公布的《国际信息网络域名程序最终报告》，美国ICANN于1999年通过的《统一域名争议解决政策》《反域名抢注消费者保护法》，巴西于1999年通过的《驰名商标保护条例》等都反映了上述内容。

网络知识产权中还出现了一种新型的专利，确认网络上的技术方案可以享受专利保护（美国已有授予全球著名的亚马逊网站关于"一次点击"技术专利权）。同时，这种权利还受到期限与使用范围的限制。

3. 确保电子合同的效力

电子商务是信息网络在经济领域应用的集中表现，而支撑电子商务运行的便是电子合同。电子合同的非纸面性、订约人的虚拟性等特征决定了有关部门必须寻找解决电子合同订立和履行的法律规则。在这方面，联合国贸法会的《电子商务示范法》为世界各国的电子商务法奠定了基本原则。该法采用功能等同法，赋予数据电文与纸面合同同等的法律效力，并对数据电子签字做了原则性规定。之后，联合国一直探索解决阻碍电子交易形式推广和应用的基础性问题——电子签名的安全性、可靠性以及真实性问题，并最终于2001年初颁布了《电子签字统一规则》，对电子签名、认证证书及认证机构等做了规范。

目前，围绕电子商务的立法主要集中在以下三个方面，即对电子商务原则性的规范；专门的电子签名和认证法；电子商务的技术标准、交易安全、电子支付等方面的立法。

在电子商务立法方面，据统计，目前已经有十余个国家和地区通过了综合性的电子商务立法。除欧美发达国家之外，许多发展中国家也进行了电子商务立法，如菲律宾的《电子商务法》等。

在签字认证立法方面，自1995年美国犹他州制定了世界上第一部《数字签字法》后，英国、新加坡、泰国、德国等国也开展了这方面的立法。

在技术标准方面，美国于1999年12月公布了世界上第一个在线商务标准（尽管不是一个法律文本，但其在相当程度上明确了利用信息网络从事零售业的网上商店需要遵从的标准）。国际商会于1997年11月6日通过的《国际数字保证商务通则》，试图平衡不同的法律体系，从而为电子商务提供指导性政策，并统一有关术语。另外，国际商会目前正在制定《电子贸易和结算规则》等交易规则。

4. 规范网上信息发布与传播行为

信息时代网络为人们自由传递和发布各种信息提供了渠道和空间，但是互联网络不应当是完全无序、无管制的世界。目前，世界各国及国际组织均开始规范网上各种信息发布者和传输者的责任，以建立信息网络秩序，如美国的《千禧年版权法案》及《在线版权损害责任法案》，欧盟的《电子商务指令》，以及德国的《为信息与电信服务确立基本规范的联邦法》。

这些法律确立的主要原则包括以下几个方面。第一，现实生活中的"谁发布谁承担责任"仍然适用于网上信息发布，惩治滥用信息网络发布虚假信息的欺诈行为、侵害他人权益的侵权行为。第二，合理确定网络服务提供商的责任，在合理可行的范围内，要求网络服务提供商承担一定的监督义务。网络服务提供商违反义务时，应当承担相应的法律责任（网络服务提供商对于自己提供的信息内容，应依法承担全部责任）；对来自第三者的信息，只有在电信服务供应商了解信息的内容、在技术上有可能且理应阻止其使用时，才承担责任，如果电信服务供应商只起着连接线路的作用，则不承担责任。第三，制止发送"垃圾邮件"行为，建立良好的网络信息传输秩序。

5. 制定专门法律

互联网络给人类带来有用信息和便利的同时，也充斥了大量的不良信息，这些信息包括黄色信息、危害国家安全的信息等有害信息。美国卡内基梅隆大学的一个专家小组曾对网络信息内容做过一次调查。其调查报告披露：在美国多数家庭电脑连通的网络中，有92万件带有不同程度色情内容的图片、文章和录像，电子公告牌储存的数据图像有4/5含有污秽内容。而网络传播将传统媒体信息的单向传播方式改变为双向传播，受众的主体地位得到了体现。他们可以主动地拉取自己所需要的信息，这些信息给公众，特别是辨别能力尚未完全成熟的未成年人带来了严重的不良影响。因此，许多国家纷纷通过制定专门的法律对之进行规范。对此，各国的防范措施主要有技术措施、法律措施和分类许可三种。

（1）技术措施

国际环球网联合会要求世界各网络信息发布机构、服务机构、监控机构对信息网络上的相关信息进行分类标记，并推行信息网络监控软件，对信息标记进行审查。如果标记表明其内容不符合监控者的要求，则拒绝调用。由欧洲和美国的大公司一起开发的信息网络内容选择平台软件，可以根据要求限制对网络信息的调阅，也可以实现对特定信息的监控。国际环球网联合会的这一举措是第一个在世界范围内对信息网络加以管理的计划，其目的就在于"努力将不良信息、质量低劣的内容、重复信息等污染信息从信息网络的传播中驱逐出去或至少加以某种限制"。

（2）法律措施

为了保护公众，特别是辨别能力尚未完全成熟的未成年人，各国纷纷通过制定专门的法律对网上信息进行规范。如美国的《儿童在线保护法案》等。德国内阁通过的《信息报告》，确定由教育、科学、研究和技术部牵头，制定全国统一的多媒体法，消灭互联网上的不法和有害内容。

（3）分类许可

各国均针对本国国情制定了相应的互联网分类许可。例如，新加坡广播局发布的《互联网分类许可方案》《分类许可通知》《互联网行为准则》就禁止网络上传播违反公众利益、公众道德、社会秩序、社会安全和民族团结的信息，不准传播黄色信息和对本国文化、社会稳定造成不安的信息等。并且沙特阿拉伯、法国等国的司法实践也对违反公共道德的行为进行了管制。

6. 通过法律政策来保障信息安全法的有效制定和实施

为了保证信息安全法律法规的有效制定和实施，各国在其信息安全法律政策中，无不明确规定了国家信息安全工作的管理机构以及各个机构的职责范围，在各个层次上都力求做到分工负责、各司其职。例如，美国的《计算机安全法》明确规定，由美国商务部所属的国家标准和技术局（NIST）负责有关敏感信息的信息安全工作，具体负责主持制定和推广计算机安全标准和指导方针，为联邦政府解决各种信息安全问题，其中包括安全规划、风险管理、应急计划、安全教育培训、网络安全加密技术、身份认证、职能卡应用、计算机病毒检测与防治等；由美国国防部所属的国家安全局（NSA）负责"国家安全系统"，即由政府及其合同单位或代理机构管理的信息系统中保密信息的信息安全工作，其中包括国家保密信息、美国宪法 2315 款第 102 项规定的信息、涉及谍报的信息、涉及与国家安全有关的秘密活动的信息、涉及军队指挥和控制的信息、涉及属于武器和武器系统设备的信息以及对于完成军事或情报任务至关重要的设备的信息等。

另外，信息安全是个巨大的系统工程，需要各方面力量的综合协调，更需要涉及信息活动的人员、信息系统的实体、信息系统的运行和系统中的信息安全。因此，信息安全保证应当以全面、严密为基础。美国政府关于国家信息安全保障的行动策略是制定信息资源安全管理的全面政策。全面政策包括实施风险评估、安全规划、运行安全和各种验证的方法；出版了《信息系统安全产品和服务目录》；对信息系统的各个环节以及各机构信息安全管理工作的效率加以评估；全力支持对安全措施的投入；协调各个机构的信息安全工作；监督政府信息安全管理原则、标准、指导方针的确定和推广工作；强化计算机信息系统人员的信息安全法律培训等。

## 二、我国信息安全法制建设现状分析

### （一）我国信息安全立法历程

我国信息安全法的制定开始于20世纪90年代，相对较晚。最早的一部信息安全规定是1991年我国劳动部出台的《全国劳动管理信息计算机系统病毒防治规定》，但那时类似信息安全法规和规定还是非常少的，这一局面到1994年2月18日有了根本转变，这一天国务院颁布了《中华人民共和国计算机信息系统安全保护条例》，该条例规定了计算机信息系统安全保护的主管机关、安全保护制度、安全监管等。从1994年开始，我国信息安全法律法规体系进入了初步建设的阶段，一大批相关法律法规先后出台，如《计算机信息网络国际联网安全保护管理办法》（公安部）、《计算机信息系统安全专用产品检测和销售许可证管理办法》（公安部）、《计算机信息系统保密管理暂行规定》（国家保密局）、《商用密码管理条例》《金融机构计算机信息安全保护工作暂行规定》等。而2000年12月28日《全国人民代表大会常务委员会关于维护互联网安全的决定》的出台又代表着我国信息安全法律体系建设进入了一个新的阶段，《全国人民代表大会常务委员会关于维护互联网安全的决定》规定了一系列禁止利用互联网从事的危害国家、单位和个人合法权益的活动。这个阶段标志着我国政府更加重视网络及互联网的安全，也更加重视信息内容的安全。这一阶段的法律法规有《互联网信息服务管理办法》《计算机信息系统国际联网保密管理规定》（国家保密局）、《计算机病毒防治管理办法》（公安部）等。2003年7月22日，国家信息化领导小组第三次会议通过了《国家信息化领导小组关于加强信息安全保障工作的意见》，则标志着我国信息安全法律体系的建设进入一个更高的阶段。该意见明确了加强信息安全保障工作的总体要求和主要原则，确定了实行信息安全等级保护，加强以密码技术为基础的信息保护和网络信任体系建设，建设和完善信息安全监控体系，重视信息安全应急处理工作，加强信息安全技术研究开发，推进信息安全产业发展，加强信息安全法制建设和标准化建设，加快信息安全人才培养，增强全民信息安全意识等工作重点，使得我国信息安全法律体系的建设进入了目标明确的新阶段。这一阶段，具有代表性的法律法规包括《电子签名法》《电子认证服务管理办法》《证券期货业信息安全保障管理暂行办法》《广东省电子政务信息安全管理暂行办法》《上海市信息系统安全测评管理办法》《北京市信息安全服务单位资质等级评定条件（试行）》等。

## （二）我国信息安全立法现状分析

第一部我国信息安全法的相关法律是1997年修订后的《中华人民共和国刑法》，该法在第285条、第286条和第287条增加了相关的计算机犯罪的罪名，定义了非法侵入计算机信息系统罪，破坏计算机信息系统功能罪，破坏计算机信息系统数据、应用程序罪和制作、传播计算机病毒等破坏性程序罪，为打击计算机犯罪活动提供了法律依据。第二部是全国人民代表大会常务委员会于2000年12月28日颁布实施的《全国人民代表大会常务委员会关于维护互联网安全的决定》，这是我国专门针对互联网应用过程中出现的运行安全和信息安全制定的法律，该单行法律的出台对于促进我国互联网的健康发展，保障互联网络的安全，维护我国社会、公民、法人及其他组织的合法权益具有重要意义。第三部是中华人民共和国第十届全国人民代表大会常务委员会在2004年8月28日通过并于2005年4月1日起施行的《中华人民共和国电子签名法》，该法是我国首部真正电子商务意义上的立法，充分考虑了我国电子商务及认证机构的实际情况，针对我国电子商务发展中最为重要的一些法律问题，从确定电子签名的法律效力、规范电子签名的行为、明确认证机构的法律地位及电子签名的安全保障措施等多个方面做出了具体规定，将大大促进我国电子商务和电子政务的发展。

我国信息安全法的相关法规包括1994年2月18日发布实施的《中华人民共和国信息系统安全保护条例》，其中规定了公安部门主管全国计算机信息系统安全保护工作的职能；2000年9月25日发布的《中华人民共和国电信条例》，其对信息安全，特别是电信安全提供了安全保护方法，同时发布实施的《互联网信息服务管理办法》，主要对利用互联网提供信息服务的单位或个人的相关行为做了规范；1997年5月20日修正的《中华人民共和国计算机信息网络国际联网管理暂行规定》；1999年10月7日发布的《商用密码管理条例》。另外还包括最高人民法院司法解释，2000年11月22日通过，12月21日起施行，2003年12月23日修改，2004年1月7日施行的《最高人民法院关于审理涉及计算机网络著作权纠纷案件适用法律若干问题的司法解释》和2001年6月26日《关于审理涉及计算机网络域名民事纠纷案件适用法律若干问题的解释》。

我国信息安全法的部门规章主要有52部，例如农业部1997年4月2日颁布的《计算机信息网络系统安全保密管理暂行规定》；1997年12月16日公安部发布的《计算机信息网络国际联网安全保护办法》；1998年12月25日公安部、信息产业部、文化部、国家工商行政管理局联合颁布的《关于规范"网吧"经营行为加强安全管理的通知》；2000 年 5 月 25 日邮电部发布的《中国公用计算机互联网国际联网管理办法》；2005 年 10 月 1 日实施的《个人信用信息基础数据库管理暂行办法》；2006 年 3 月 30 日实施的《互联网电子邮件服务管理办法》等。

有关信息安全的立法，除了上述的法律法规之外，配合我国的信息安全法律法规及部门规章，各地区也出台了一些地方性法规和规章，占信息安全立法总数的 65.55%。从这一数字上看，地方性法规规章在我国信息安全法律法规占绝大多数。但从调查资料来看，在地方性法规和规章中，很大一部分是关于对 1998 年由公安部、信息产业部、文化部和国家工商行政管理局共同颁布的《关于规范"网吧"经营行为加强安全管理的通知》和 2004 文化部、国家工商行政管理总局、公安部、信息产业部、教育部共同颁布的《关于进一步深化网吧管理工作的通知》这两个规章的贯彻执行。这方面的法规规章共有 36 部，占地方性法律法规总数的 30.51%，将近 1/3，

从上述法律法规文件及统计数字可见，我国与信息安全有关的立法已经突破百部，将近一百八十部，从数量上已经形成一定的规模，而且涉及面也较广泛。仅从以上列举的部分立法就可以看出，不同部门、不同行业所关心的信息安全重点是不同的。侧重于互联网安全的有 2000 年的《全国人民代表大会常务委员会关于维护互联网安全的决定》、1997 年的《计算机信息网络国际联网安全保护管理办法》等；侧重于信息安全系统与产品的有 1997 年的《计算机信息系统安全专用产品检测和销售许可证管理办法》、1998 年的《金融机构计算机信息系统安全保护工作暂行规定》等；侧重于电子商务安全的有 2004 年的《中华人民共和国电子签名法》、1999 年的《商用密码管理条例》等；侧重于计算机病毒与危害程序防治的有 2000 年的《计算机病毒防治管理办法》《北京市计算机信息系统病毒预防与控制管理办法》等。除此之外我国信息安全立法还涉及信息内容安全、网络知识产权保护、信息安全犯罪制裁等多个领域。

从我国有关信息安全的法律法规及部门规章的内容上看，这些法律法规都集中体现了一项基本原则，也可以称之为贯穿于整个信息安全的行政法中的一条基本原则，即通过规范管理维护网络与信息安全，以此促进互联网络在我国的发展应用，保障信息社会信息交流的健康发展。这种原则精神可以从各个信息安全法律法规的总则部分得以体现，例如《中华人民共和国计算机信息网络国际联网管理暂行规定》第 1 条便规定："为了加强计算机信息网络国际联网的管理，保障国际计算机信息交流的健康发展，制定本规定。"《中华人民共和国电信条例》第 1 条也规定："为了规范电信市场秩序，维护

电信用户和电信业务经营管理者的合法权益，保障电信网络和信息安全，促进电信产业的发展，制定本条例。"《互联网信息服务管理办法》第1条也规定："为了规范互联网信息服务活动，促进互联网信息服务健康有序的发展，制定本办法。"这些法律法规均体现了信息安全行政监管的最终目的是促进互联网络的健康有序发展。

总体来看，这些法律法规、部门规章及地方性法规的颁布为我国加强网络时代信息安全的保护和打击信息安全违法犯罪活动奠定了法律的基础，极大地促进了我国信息化建设的健康发展。

### （三）我国目前信息安全法制建设中存在的问题

#### 1. 立法中存在的问题

首先，从立法层面上看，我国有关信息安全的法律法规虽然在数量上形成了一定的规模，但这些众多的法律法规却不能构成一个完整的、系统地、条理清楚的体系，而且在这众多的法律法规中，只有为数很少的几部属于法律和行政法规，绝大多数属于部门规章及地方性法规和规章，这些部门规章及地方性法规和规章的法律效力层级较低，适用范围有限，也不能作为法院裁判的依据，尤其是地方性法规具有很强的地域性，效力范围仅限于本地区，直接影响了这些措施的实施效果。这其中最关键的是，目前我国还没有一部信息安全的基本法，对于信息安全的基本法，可以理解为一部确立信息安全的基本原则、基本制度及一些核心内容的法律，而其他有关信息安全的法律法规都应该是从这部法律的基本框架中延伸出来的，正是因为缺少一部这样的基本法，致使我国信息安全法的立法实践中，缺乏纵向统筹考虑和横向的有效协调，特别是行政法规和部门规章的牵头起草制定部门出于自身工作的考虑，忽视了其他相关部门的职能及相互间的交叉问题，导致了目前这种数量不少，但效率不高的立法局面。只有我国在信息安全立法过程中有章可循，有了主干，才会形成一个系统的、条理清楚的信息安全法律体系。

其次，从立法内容上看，我国有关信息安全的法律法规不足之处主要有现行法律法规中声明性条款过多，程序上缺乏可操作性，许多条文规定包括法律、行政法规实施细则或实施办法中的条文规定多显得过于抽象，在执法实践中操作性差，难以有效执行。例如，《中华人民共和国刑法》第286条规定："违反国家规定，对计算机信息系统功能进行删除、修改、增加、干扰，造成计算机信息系统不能正常运行，后果严重的，处五年以下有期徒刑或者拘役；后果特别严重的，处五年以上有期徒刑。"但对何为"后果严重和特别严重的"并没有相应规定和司法解释，造成实际操作上的困难；再有如《计算机信息网络国际联网安全保护管理办法》规定的建立健全的安全保护管理制度、采取安全保护技术措施、保留有关原始记录等是互联单位、接入单位以及使用计算机信息网络国际联网的法人和其他组织均应履行的安全保护方面的法定职责，但对安全保护管理制度、安全保护措施、保留有关原始记录等又未规定具体标准和具体内容，致使基层执法机关执法过程中无法准确把握，而公安部不得已补发有关通知对上述问题进行相应规定；还有如《中华人民共和国计算机信息网络国际联网管理暂行规定》规定互联单位应当为接入单位提供公平、优质、安全的服务，接入单位应当为下级接入单位或用户提供公平、优质、安全的服务，但对服务质量的具体方面又缺乏相应具体规定，不知怎样的服务才属于"公平、优质、安全"。类似上述的条文过于抽象的问题还存在于信息安全法律法规的很多方面。

　　由于对信息安全问题考虑不周，导致我国信息安全法律法规对网络时代信息安全方面的监管还有许多不周延领域。例如，我国《刑法》在调整互联网犯罪领域的不周延性，我国《刑法》规定，"外国人在中华人民共和国领域外对中华人民共和国国家或者公民犯罪，而按本法规定的最低刑为三年以上有期徒刑的，可以适用本法，但是按照犯罪地的法律不受处罚的除外。"按此款规定对外国人在网上频繁实施的大部分犯罪行为，由于法定最低刑为三年以下，我国刑法无法对其适用。而作为法定最低刑三年以上的可能性最大的当属危害国家安全的犯罪。但危害我国国家安全的犯罪行为在他国法律也属犯罪行为的情况极少。这意味着我国刑法对这些犯罪出现无法调整的空白领域。如果说上述情况是由于法律适用限制造成的不周延领域的话，那么我国还有很多不周延领域是由于法律在该方面的空白造成的。如我国公民在网络环境里隐私权的保护，由于我国目前还没有明确规定隐私权这项具体的人格权，因此多种法律法规中并未单独对隐私权予以保护。即使是传统法中的民法通则以及最高法院有关司法解释对隐私权的保护也仅仅是归于对名誉权的保护。在有关网络信息安全的法律法规中，对隐私权的单独规定也很少，仅《互联网电子公告服务管理规定》第 12 条规定，电子公告服务者应当对网上用户的个人信息保密，未经用户同意不得向他人泄露，但法律另有规定的除外。类似于这样的不周延性在我国信息安全立法中还很多，如消费者权益的保护、信息安全技术标准等。另外，有关网络行政复议与行政诉讼的规定为空白，也不利于网络行政关系的调整。

　　我国信息安全立法由于缺乏统一规划，导致不同时间、不同部门制定的规章之间冲突矛盾现象较为普遍。例如，在网络信息安全的管辖方面，《计算机信息系统安全保护条例》《计算机信息网络国际联网安全保护管理办法》及《计算机信息网络国际互联网管理暂行规定》中均确定由公安机关负责管理和执罚，而《电信条例》和《互联网信息服务管理办法》又规定主要由电信机构管理部门执罚。类似采用租用电信国际专线、私接设备擅自经营电信业务的行为将面临电信管理机构和公安机关的双重执罚。此外，不同法规对同一违法行为的具体处罚形式和力度不同。例如，对"未经取得经营许可证擅自从事经营互联网信息服务者，"《互联网信息服务办法》规定："没收违法所得，无违法所得或违法所得不足 5 万元，处 10 万元以上 100 万元以下的罚款"；而《计算机信息网络国际互联网管理暂行规定》则是"责令停止联网，给予警告，可并处 1.5 万元上下的罚款，有违法所得者，没收违法所得"。不同规章间罚款数额的巨大差别给执罚带来相当的难度。

我国网络信息安全刑事法律制度规范范围或对象偏窄，打击犯罪不力。如《中华人民共和国刑法》规定的非法侵入计算机系统罪的范围过窄。目前在我国的刑法中，非法侵入计算机系统罪仅仅是将侵入国家事务、国防建设、尖端科学技术领域的计算机信息系统的行为定为非法侵入计算机系统罪，对于计算机信息系统的限制过于狭窄。目前绝大部分的计算机信息系统都有独立的安全系统，有独立的授权范围，未授权人对于计算机信息系统是没有权限进入的，除了国家事务、国防建设、尖端科学技术领域的计算机信息系统外，国家金融机构、电子商务认证机构、公司或个人的计算机信息系统应该都是不准许未授权人进入的。而非法侵入电子商务认证机构的计算机信息系统，即使行为人没有删除、修改其中的应用程序和数据或破坏系统安全防护措施，但是非法入侵以及对于秘密信息的窃用，都会导致整个电子商务秩序的混乱，从而给国家电子商务的稳定发展和交易各方造成严重损害。又如第 286 条第三款对故意制作、传播计算机病毒等破坏性程序的犯罪，只规定其直接侵害对象为"影响计算机系统正常运行"，范围过窄。在系统中植入病毒，计算机系统的运行可能不会中止或瘫痪，但其处理的数据可能被更改、删除或受到干扰。再如第 285、286 条都是指故意犯罪，其实有的计算机信息系统关系到国计民生、国家安全的大事，过失犯罪可能给国家、社会造成不可估量的损失。事实上，非法侵入计算机信息系统，破坏计算机信息系统功能、数据或应用程序，以及制作、传播计算机病毒等破坏计算机程序等都有"过失"的可能。

有些行政法规、部门规章使用大篇幅规定了对网络服务商过多的义务，实质上可能束缚了网络服务商在该领域的发展。如《互联网信息服务管理办法》规定，互联网信息服务提供者应当向上网用户提供良好的服务，并保证所提供的信息内容合法。这显然对互联网接入服务提供者和 BBS 服务等提供者来说过于严格，因为这里的网络服务提供者仅仅提供一个接入服务，或仅仅提供了一个 BBS，一个公告板，或者一个可用页面，或是一个自由空间，用户可以在这个空间里写东西，发表言论。但用户发表什么言论，应该由用户自己负责，而不应该由网络服务商来负责。因为每天网上的信息量那么大，给审查带来了很大的难度。

最后，从立法过程来看，对技术发展趋势估计不足，会造成对某些法律法规修订频繁。信息社会，信息安全问题是在信息技术和网络技术飞速发展，知识经济渐趋形成的大环境下产生的，短短几十年从无到有，中国的信息安全法律法规的数量可谓增长迅速。也正是因为信息安全问题的趋多趋杂常新，导致一份规范产生没几年，又有可能因为新情况的发生而必须做出修订，另一种现象是在制定一份法规后，常常伴随着该文件的补充，或者暂行规定的出现。如国家保密局 1998 年制定了《计算机信息系统保密管理暂行规定》，2000 年初又发布了《计算机信息系统国际联网保密管理规定》，1996 年 2 月 1 日中华人民共和国国务院令第 195 号发布《中华人民共和国计算机信息网络国际联网管理暂行规定》，根据 1997 年 5 月 20 日《国务院关于修改〈中华人民共和国计算机信息网络国际联网管理暂行规定〉的决定》，1997 年对其又做了修正。

2. 执法上存在的问题

从执法环节而言，主要存在以下问题。某些环节管理机关职权划分不甚明确，造成执法主管争议问题。如对于网络色情、不良信息等的管理，按照《电信条例》和《互联网文化管理暂行规定》，文化旅游部、公安部、教育部、国家新闻出版广播电影电视总局、工业和信息化部、扫黄打非办、互联网管理部门等多个部门对此都负有监管责任。这种"多头管理"的怪圈必定会给不法分子带来可乘之机。行政机关从技术与观念上均很难适应网络环境的特点，一方面往往沿袭传统的行政管理手段和管理方式，以至于不能及时发现问题，形成"有法未依"的局面；另一方面又常常对网络环境施加过多的干涉，影响了网络信息的正常交流。行政机关对管理内容未形成清楚的认识，因此不能准确执行有关法律规定。

（四）我国现行信息安全法律法规之间的衔接问题

目前，世界各国关于信息安全的法律对策无非有两种：一种是单独立法，即通过制定专门的信息安全法律法规来维护某一方面或某一领域的信息安全；另一种是对现有的法律法规进行修改，使其适用于新的网络环境。第一种立法，是针对网络社会的一些特殊的信息行为进行的法律规定，比如电子商务活动，我国大胆借鉴了国外的立法经验，采用单独立法模式来规范其中的信息安全行为。这必然产生该法与先出现的其他涉及交易方面的法的衔接问题，如与《票据法》《合同法》等的交互承认问题，尽管我国已经完成了对《公司法》《票据法》《证券法》《拍卖法》的修订工作，颁布了新的版本，但遗憾的是在这些法律中并没有可以与电子签名法衔接的地方，而相应的衔接对于构建我国电子商务的法律体系是非常重要的。阿里巴巴总裁金建杭认为该法目前只涉及了信用问题，但物流、支付尚未涉及。第二种立法体例，也存在衔接的问题，如对于计算机犯罪的法律控制，虽然我国刑法已经增设了计算机犯罪的有关条款，但《治安管理处罚条例》却还没有衔接上，考虑到治安管理领域出现的其他许多新问题和刑法修订后这两个法律在衔接上存在的严重脱节，《治安管理处罚条例》也需修订。在修订该法时，应将计算机领域的违法行为作为一项重要内容予以规定。类似的衔接问题在我国信息安全法律法规中还有很多，需要尽快解决。

## 三、各国信息安全立法制度建设中共同存在的问题

### （一）关于违法行为的定义以及度和量的确定问题

在任何立法中都普遍存在的这个基础性问题，由于信息时代网络的虚拟性和网络上行为的难确定性，使其变得更加难以操作和具有争议。

首先是如何确定虚拟的伤害和真实的伤害。以黑客攻击为最简单的例子，同样的黑客程序，攻击不同的网站，对于网站造成的实际损失肯定是不同的。但是这种实际损失的不同，是多方面因素综合作用的结果，像网站自身的安全体系、网站客观的重要性、网站自身技术力量对伤害的弥补能力、黑客程序本身与网站系统在技术方面的关系等都起到至关重要的作用。因此，是以程序可能造成的伤害（未发生的）还是以现实的结果来确定这次黑客攻击行为的伤害程度就会对违法行为的判定产生不同的结果，如果采用现实的结果，那么现实的结果是以哪一个网站的结果，还是以各网站现实结果的总和。对于色情、暴力等内容，也是"认定的"会对青少年造成伤害，这种伤害如何统计和确定其量，尤其是心理上的伤害和影响。BBS 中的谣言和假信息，可能引发造成影响的行为，也可能不会，按何种标准来确定是否惩罚或惩罚的度。

其次是网络上的行为与现实的行为往往是交织在一起的。例如，美国

2003年的一个案例：隶属于某个网络欺诈集团下的三个年轻人通过分析键盘上的指印，盗得总价值至少300亿美元的信用卡账号，他们把这些账号以每条60美元的价格在纽约出售。买到账号的人可能再进一步去作案，诈到现金。在我国，也有搜集别人注册邮箱或是申请网站注册账号时留下的信息，然后按条要价进行出售的情况，一些网站把用户在自己网站上注册的信息，卖给某些试图促销或寻找客户的企业或个人。这样连环套的案件该如何定义，如何确定每一环节的罪行，都是值得思考的。

## （二）由于网络的特殊性带来的困难

网络所构造的虚拟的世界、虚拟的人、虚拟的和现实的种种关系，是网络和信息安全立法与传统法律需要修改的必要条件，但是这种特殊性也成为网络信息安全立法中存在的几个悖论。对于网络信息安全立法方面可能产生较大阻碍的这种网络本身的特殊性包括匿名性、易变性、跨国性三种。

匿名曾经成为网络言论自由的最大保障之一。试想如果不是因为在网络上说话、做事如同穿了隐形衣，也没有多少人敢无所不言、无所不为。匿名使人进入天知、地知、我知的独特环境，人的行为和言语产生了巨大的变化。这使得网络违法行为发生的频率增加，查处的难度增大。即使查到某个代号的真实使用者，也难以断定某一行为就是其所为，因为盗用和冒用别人的代号，或者同一代号在不同的时间或环境被多人使用的情况很容易发生，尤其是在公共网吧、图书馆等多人使用一台终端机的情况下。

立法要求相对的稳定与严肃，可是网络世界往往瞬息万变，捉摸不定。很多的行为就是在短短的几秒钟发生的，而且在几秒钟之后，完全可能是另一种状态。这对于行为的认定和当事人的判定都带来极大的挑战。

网络带来的地球村的实现，对于立法中跨国的权限确定、跨国的公正性带来极大的困难。一方面，前几年国内网络界流行的"红客"可以说是民间对跨国公正性的曲解。如果带有破坏性的病毒程序，攻击了中国的网站或计算机，当然是被当作对网络信息安全的侵犯。但是如果是中国人制造了此类破坏性代码，搅乱了外国的网站，搞垮了国外的系统，这些黑客却被一些人当作民族英雄。另一方面，同样的内容在一些国家可能被认为健康，而在另一些国家则会被认为是淫秽或非法。尤其是有关政治倾向、道德习俗的内容，像政治立场、色情暴力等。而且以上这些特点一般同时共存于网络中，各种问题往往互相交织、相互作用，使得问题更加交错复杂。

### (三)新技术的挑战

不可否认网络是科技的产物,网络的发展技术具有不可忽视的力量。但是法律要求的稳定性和法律从案件出现到法条诞生,再到实施的严谨的漫长的过程,渐渐无法跟随技术的日新月异。随着一系列违反道德事件的接踵而来,人们几乎来不及对这些事件做道德上的评判,新的事件又出现了。当对新技术带来的问题连反应都感到困难时,怎么可能及时对其进行法律上的约束。当对于现在问题规范的法规出台时,不知道又会出现多少新问题,而本想约束的旧问题是否还存在。

其实,新技术的挑战绝非仅仅是技术层面的,产生重大影响的技术往往是伴随着哲学而来的。比如黑客的出现和持续发展,是因为"反对机器,崇尚人"的哲学在支撑。一些黑客认为"机器的发展会给人带来灾难",真正哲学意义上的黑客认为他们是为"保护人类免受机器之害"的崇高使命而破坏现有的机器系统的。因此,有的黑客国际组织,有一大批"为了拯救人类"而不断制造能够破坏机器的代码的"志士"。并且作为一种世界观,这些人永远会存在,而且会"战斗不息"。这些对于法律基础的挑战则是技术所不能及的。

博客和维客技术的出现使得网络发表变得简单和有效。一个普通人可以很容易自由的表达自己的思想或发布自己的资源(文字、图片、影视频),作为维客,还可以通过自己 PC 机的 WWW 浏览器随意的删除、修改别人已发布在互联网上的信息。可想这些简单易用、具有强大诱惑力的技术必然冒出一些破坏网络秩序的人。然而从博客技术和维客技术的最初设计和开发者沃德·坎宁安先生同比尔的谈话中,人们不难看出沃德是抱着"人性本善,乐施求真"的哲学理想,而"愿意为追求真理的人们提供头脑风暴似的交流平台",让意见愈辩愈明,真理愈求愈真。这种开放自由、合作自律的潜规则是这类技术发挥正面作用的根本保证。可是"让每个人都有表达自由"的美好理想在某方面与法律必然会有的"管制"则是相悖的。

## 第三节 我国互联网信息安全法制建设的完善

需要指出的是信息安全是一个极其复杂的系统工程,仅仅依靠法律的手段来预防和制裁是远远不够的,还必须和道德规范、管理、技术相结合,通过采取综合手段来共同防范和治理。

## 一、立法建设

### （一）树立正确的立法指导思想

我国网络与信息安全立法遵循的指导思想，应当是"积极发展，加强管理，趋利避害，为我所用，努力在全球信息网络化的发展中占据主导地位"。具体来说，网络与信息安全立法，一要立足于加速发展我国的网络信息产业，充分利用信息技术进步带来的机遇，为我国现代化发展服务；二要防止只强调发展，却忽视网络与信息安全，必须高度重视安全保障；三是立足于趋利避害，对网络与信息出现后带来的一些新挑战、新问题应当认真提出解决办法。

### （二）提高滞后的立法技术

当前，鉴于信息技术发展突飞猛进的特点，我国原有的立法速度，即从有立法思想、立法议项，到出草案、一遍遍审议，直到通过，"一慢二看三通过"的立法速度远赶不上信息技术发展的速度。另外，传统的立法技术相对较为简单，立法者同时又是社会生活的参与者，对社会生活有自己的感受和理解，其制定的法律也较为适应社会生活的需要。但是人类进入数字化社会以后，传统的立法技术已经远远不能满足需要。立法者不懂网络，网络人又不能立法，这已成为当今社会立法领域的一个突出矛盾，直接导致了现行与网络直接相关的信息安全立法的各种缺陷甚至失误。而技术性立法的措施为信息安全立法提供了一种新的立法方式。例如德国，德国解决上述问题主要从两方面着手，一是从机构上，立法委员会除了成立专门的专家委员会负责技术性问题的解释和把关外，还聘请相关行业的权威人士，向立法委员会传授有关知识，并回答立法委员会技术方面的问题；二是从程序上，首先由专家委员会提出存在的问题及技术上的解决方案，其次由立法者们对问题进行归纳和总结，并按照立法原则及框架形成文字，最后再交由技术顾问审核。上述程序及机构上的措施保证了法律的技术性与立法原则的统一。

### （三）选择适当的立法模式

要科学合理地制定信息安全法律体系，应当认真研究并选择合理的立法模式。我国信息安全立法模式的选择，可以从以下四个方面考虑。

一是尽快制定信息安全的基本法。信息安全基本法是其他信息安全法的根本大法，或称"母法"，其他一切有关信息安全的法律法规只能根据该法制定。没有该法，形不成法律体系，就无法织出一张强有力的法网。因此，在该法中，应明确信息安全防护领导、管理体制，确立信息安全的法律原则和基本制度，明确社会各方面保障信息安全的责任和义务。同时，信息安全基本法的制定应以《中华人民共和国国家安全法》中的有关法律规定为原则，对现有的行政法规进行整合。近年来我国在信息安全实践中取得了一些成功经验，如"谁主管，谁负责"，"谁运行，谁负责"的原则，预防、控制和打击相结合的原则，调动社会力量的原则，强化政府监督、检查和指导的原则，应当在立法中得到体现。另外，还应跟随信息安全问题发展的具体情况，其立法原则应考虑整体性原则、协调性原则、发展性原则、可操作原则和重点原则。在该法律中应当明确以下内容：网络信息安全的监管协调机构、行政主管部门，涉密的信息、媒体和系统，保密制度，监督和管理原则等。

二是在信息安全基本法出台之前，可以先着手制定某些急需的单行法。从目前情况看，信息安全基本法的立法会是一个比较长的过程。第一，立法需要经过一系列复杂的程序，本身就是一个较长的过程；第二，信息安全基本法作为其他相关法的根本法，需要慎重对待，而且目前我国对有些信息安全问题看得不是很清楚，认识不一定很一致，也需要更多的深入研究和讨论；第三，只立法而无法执行的话，意义不大，要考虑到技术手段等各个方面。但当前我国很多信息安全问题又非常突出，如果不尽快解决，将不利于我国信息化的健康发展，基于以上情况，我国目前应该根据实际情况，借鉴世界发达国家这方面的成功经验，尽快制定信息保密法、个人隐私保护法、信息安全技术标准法等单行法。这些单行法可对一些亟待解决的信息安全问题，通过立法予以调整和规范，以逐步减少信息网络发展的障碍。

三是在修订现有的有关法律时，应注意增加涉及信息安全的内容。虽然网络的发展为人们进行信息活动提供了新的工具和场所，也使得人们的信息活动有了新的特点，但是所有的信息活动最终还是来源于现实世界。因此，对于网络空间的很多信息关系，都可用现行的法律法规进行调整，或者通过扩展现行法律法规的适用范围来适应网络的因素。如将"伪造文件"的概念扩展至包括伪造磁盘的行为，将"财产"概念扩展至包括"信息"在内。还有一些现行法律在修订时需要增加新的内容，如在修订刑法时，应考虑针对计算机网络犯罪活动，增加法人（单位）犯罪、罚金刑、资格刑等内容。

四是尽量避免用制定地方性法规和部门规章的办法代替制定全国性法律法规。网络空间的信息安全问题的一个突出特点是它完全突破了地域界线。因此，网络时代信息安全立法必须坚持全国统一，主要依靠法律、国务院行政法规来调整相应的法律关系。如确系必要，可仅由主管部门颁布少量的行政规章。

上述立法模式，可以有效地解决我国信息安全立法已经存在的一些问题，减少法律内部冲突，增强其系统性和科学性。

### （四）完善与信息安全相关的其他法律法规

从网络时代信息安全的含义及大安全观的内容可以看出，信息安全是一个很大的系统工程，仅靠信息安全法不可能有效的解决各种各样的信息安全问题，因此在建立健全信息安全法律体系的同时，对与信息安全相关的其他法律法规的出台和完善也是非常必要的，比如《电信法》《政府采购法》等，这些法律法规与信息安全法律体系一起构成信息安全大的法律环境并且互为支撑、缺一不可。

首先，从权利的角度看，信息安全中涉及的个人权利主要包括通信秘密言论自由、隐私权、著作权及相关知识产权，而与通信秘密、言论自由相关的法律是《宪法》《国家安全法》和《警察法》，与隐私权相关的法律是《民法通则》，与著作权及相关知识产权相关的法律是《著作权法》《合同法》，此外还可能涉及的法律有《行政许可法》《行政处罚法》和《国家赔偿法》；信息安全中涉及的单位的权利主要包括商业秘密、技术秘密、著作权及相关知识产权等，而与商业秘密、技术秘密相关的法律有《反不正当竞争法》《技术合同法》，再从国家的角度看，信息安全涉及国家安全、保密和金融安全等，与国家安全相关的法律是《国家安全法》，与保密相关的法律是《保守国家秘密法》，与金融安全相关的法律是《银行法》。

其次，从应用的角度看，与信息安全相邻或相交的领域包括电信、无线电、集成电路、计算机软件与系统集成、网络及网络信息服务、电子商务与现代物流、电子政务、信息资源公开和利用等。在这些领域又涉及《电信条例》《无线电管理条例》《集成电路布图设计保护条例》《计算机软件保护条例》《中华人民共和国计算机信息网络国际联网管理暂行规定》《互联网信息服务管理办法》《互联网上网服务营业场所管理条例》《电子签名法》等一系列法律、法规、部门规章及地方性法规和规章。

### （五）主动融入国际信息安全的法律体系

网络环境中信息流动的一个突出特点就是无国界性。在网络上，千里之外的信息可以瞬间获得。当然，千里之外的信息行为也可能会对信息接收者的安全产生巨大的破坏。信息安全问题是事关全人类安全的一个国际化问题。这就使得信息安全法律的全球化不仅有条件，有可能，而且有必要，更是一种发展的趋势。因此，世界各国应联合起来，进行广泛的合作和研讨，像维护世界和平一样来共同维护人类的安全。目前，国际社会就信息安全问题已制定了一些相关的国际公约，而且世界发达国家也已制定了较为系统的信息安全法律法规。但许多发展中国家却因为信息化不发达，而漠视了相关方面的法律规定，这一状况给一些不法分子留下了生存的空间。只有全世界都行动起来，让各国国内法律相互接轨，形成一个严密的国际法律合作体系，才能真正打击信息安全违法行为，确保各国乃至整个人类的安全。因此，有关部门在制订政策和法律的时候，要特别注意和现有的国际规则的兼容，包括在立法思想、方式方法上和具体法律规定等各方面的相互兼容；要积极主动地参与国际规则的创设，以维护我国的实际利益。在主动参与和合作、促进、创设的过程中，真正地主动融入国际大环境之中。

### （六）加强信息安全行业自律立法

各国的信息化都是建立在互联网基础之上的，而我国目前正处于信息化建设的关键时期，因此对于因网络的使用而出现的种种信息安全问题，有关部门不能对其过分控制，以免妨碍信息化的健康发展。对此我国可以借鉴一些发达国家的做法，即在法律制定中遵循"先自律，再立法""先发展技术规范，再实行行为治法"的原则。充分发挥民间组织的作用，比如每个网站都编写有关于内容和行为自我的约定；网民们自发建立的监督机制。2003年博客中国网站就发起了"反网络色情"的倡议，收到很好的效果，包括新浪、搜狐在内的很多大型网站都自行进行了色情内容的清理。再比如微软要针对困扰全球的垃圾邮件问题开发新的技术软件；维客技术的创始者沃德·坎宁安在维客技术应用后，不断补充开发新技术，以限制通过维客技术进行的破坏等。

## 二、执法与司法建设

对已有的信息安全法律规范及行政规章，各级司法部门应加大执法力度，加强执法监督，严格依法办事，做到有法必依、执法必严、违法必究、不枉不纵。对构成刑事犯罪的要依法从重处理，形成法律威慑。

各级行政执法部门，公安部、安全机关、保密局，对辖区内网络中心、信息服务机构及相关企业应定期进行安全检查，把普遍性安全指导同个别性安全指导相结合，发现问题及时处理，未雨绸缪，消除安全隐患。

各相关司法机关应定期会商，根据计算机信息安全领域存在的问题和发展趋势、犯罪特点等，进行沟通研究，提出有可操作性的司法建议，供各级各类组织、公民和法人参考，做到防患未然，杜绝犯罪，从而起到减少公民、法人及各类组织损失和诉累的作用。

# 第五章　我国互联网经济信息安全问题的防范与对策

在网络技术飞速发展、信息全球化的今天，随着社会信息化程度的日益加深，信息系统已成为国家正常运转、企业安全运营的关键性技术与物质基础，国家政治、经济、文化、外交、军事战略以及配套的相关机构或政策的实施均依赖于信息系统这一不可或缺的重要因素。其中经济实力则是一个国家在国际舞台上定位的重要指标。进入21世纪，网络信息系统与经济体系结合衍生出一种全新的经济形态——网络经济。随着网络经济的迅猛发展，利用网络经济信息来实施的网络犯罪和网络经济安全事件不断出现，对个人、企业以及国家经济安全带来巨大的威胁和困扰，网络经济信息在信息安全、经济安全甚至国家安全中的地位也在不断地提高。网络经济突飞猛进的增长，在极大地推动经济社会发展、方便人们生产生活的同时，网络经济信息安全问题也随之产生并日趋严峻，同时也给政府各机构实施社会管理、维护国家安全带来了新的重大问题和挑战，网络经济信息安全已经成为一个基础性的国家安全。随着信息网络的飞速发展，网络经济信息的安全保障已成为当前世界各国的重大课题。因此，建立和健全网络经济信息安全保障制度和网络经济信息安全体系的任务已刻不容缓。

## 第一节　互联网经济的相关概述

在网络技术和信息技术飞速发展的今天，无论是在西方发达国家，还是在我国，网络经济已经发展成为国民经济的重要组成和支柱经济形态。然而影响网络经济安全的最为重要的一个环节就是网络经济信息安全。网络经济信息安全是在安全内涵里最难防范和完全控制的。

## 一、网络经济的概念

网络经济，概括起来讲就是一种建立在计算机网络特别是互联网基础上，以网络信息技术为承载的一种全新的经济体系形态。网络经济包括了以计算机和网络信息技术产业为重要技术手段的新兴产业，还包括当前迅猛发展的以计算机信息技术为基础的整个高新技术产业，此外还涵盖了高新信息技术的不断延伸和利用关联到的传统产业。可以说网络经济带动了当今全球社会的整个经济系统的发展，因此不能单纯地把网络经济想象成一个完全独立于传统经济体系之外的、与传统经济完全没有关联的单一性的"虚拟经济"。网络经济更是一种植根于传统经济基础上的、经过与计算机网络计算革新相融合而产生的一个现代化、全球化、信息化的更高层次等级的经济发展形态。尽管人们对当前世界内的经济形态和发展趋势的认识一直在改变，产生了知识经济、后工业时代经济、信息经济等各种不同类型的经济形态名称，但是需要注意到的是他们都不可避免的和同一个新兴技术手段关联起来，那就是基于计算机网络的信息技术。

## 二、网络信息安全的概念

网络信息安全主要是指网络系统的硬件、软件及其系统中的数据受到保护，不受偶然的或者恶意的原因而遭到破坏、更改、泄露，系统连续可靠正常地运行，网络服务不中断。

网络信息安全是与国家安全、经济发展、社会稳定紧紧相关的重要问题。并且其重要性随着全球信息化步伐的加快越发凸显。网络信息安全是一门跨学科交叉性学科，主要涉及计算机科学、网络技术、信息安全技术等学科。网络信息安全问题是与信息技术的迅猛发展和网络技术的广泛应用同步产生的一种问题，但同时它又大大超出了信息技术所能掌控的领域。

随着社会信息化程度的日益加深，信息网络系统已成为国家正常运转、企业安全运营的关键性技术与物质基础，国家政治、经济、文化、外交、军事战略以及配套的相关机构或政策的实施均依赖于信息系统这一不可或缺的重要因素，信息系统中的信息资源和信息技术在国家的政治、经济安全中地位愈加提高。而计算机犯罪的犯罪证据取证是一个极难的过程，这就是计算机犯罪率迅速增加的一个重要原因，对世界各国的网络系统都存在着极大的威胁和安全隐患，并成为日渐突出的社会问题之一。

## 三、网络经济信息安全的概念

经济安全和信息安全是国家安全体系中的基础性安全，是关于国家安全中经济信息的保密性和可用性问题的安全，通俗来讲就是特定信息的指向性，即信息只能让特定的人接收到，而不能让不该知道的人接收到，应该接受这些经济信息的人，一定要让他及时、完整的接收到他应该接收到的经济信息。国内外学者对网络经济信息安全的概念并没有一个明确的界定。通过总结，网络经济信息安全就是经济安全反映在社会信息化背景下网络经济之中的信息安全。

## 四、国家经济安全理论

所谓国家经济安全，即一国最为根本的经济利益不受伤害。其主要内容包括一国经济在整体上主权独立、基础稳固、健康运行、稳健增长、持续发展；在国际经济生活中具有一定的自主性、自卫力和竞争力，不至于因为某些问题的演化而使一国经济受到过大的打击和损失过多的国民经济利益；能够避免或化解可能发生的局部性或全局性的经济危机。

国家经济安全理论认为，国家利益是国家安全的基本出发点。国家利益是一个综合性和整体性的概念，是国家战略的内核，是国家这种在表面上凌驾于各阶级之上的公共权力机构，所维护的形式上表现为各阶级共享的普遍利益，是一个主权国家生存和发展需求的综合体。维护国家利益，是贯穿于古今世界各国外交活动的中心思想和内容。国家利益牵涉到诸多方面，是一个系统。国家利益系统，机构呈现发散的同心圆状，其核心是生存利益和发展利益。

## 五、网络治理理论

网络经济信息安全危机蔓延速度较快，要求政府快速反应，有效动员社会资源。网络治理认为，为了实现和增进公共利益，政府与非政府部门等众多公共行政主体需彼此合作，在相互依赖的环境中分享公共权力，共同管理公共事务的活动过程。对于政府而言，就是从统治到掌舵的变化；对非政府部门而言，治理就是从被动、排斥到主动参与，从本质上讲，是一种以公共利益为目的的社会合作过程。网络治理理论认为，提供公共物品和公共服务是网络治理的根本任务。然而任何组织在提供公共物品和服务时都面临着集体行动困境。合作网络为解决这一困境提供了一种新的途径，按照网络涉及的对象和作用的范围，网络治理可以分为以下几种：第一，全球治理，即对国际合作的管理；第二，民族国家治理；第三，社区治理。我国的网络经济安全作为软公共物品中的一种，是网络治理的一项重要内容。

## 六、公共危机管理理论

公共危机管理，也称政府危机管理，是指政府针对公共危机事件的管理，是解决政府对外交往和对内管理中处于危险与困难境地问题的处理方式之一，即政府在公共危机事件产生、发展过程中，为减少、消除危机的危害，根据危机管理计划和程序而对危机直接采取的对策及管理活动。公共危机的发生，除了有国际社会的共同原因外，还有各个国家具体、特殊的原因。从我国来看，我国正处于社会转型时期，这正是危机事件频频产生的又一重要原因。伴随深刻而剧烈的社会转型，各种社会问题和矛盾也凸显出来，甚至有些呈加剧之势，如处理不当，随时会诱发公共危机。

# 第二节　我国互联网经济信息安全的现状及原因

随着网络经济在我国国民经济中的地位逐渐提高，并且还在逐步显现出与传统经济相融合的态势。我国网络经济的快速发展和我国政府的鼓励政策和经济结构调整的战略密不可分。首先，我国网络经济的快速发展得到了国家政策支持，2013年国务院发布《国务院关于促进信息消费扩大内需的若干意见》，说明了互联网在整体经济社会的地位；其次，网络与传统经济结合越加紧密，如购物、物流、支付乃至金融等方面均有良好应用；最后，互联网的应用塑造了全新的社会生活形态，对人们日常生活中的衣食住行均有较大改变。

## 一、我国网络经济的类型及发展

当前，国际经济金融机构对网络经济还没有一致的定义，在网络经济比较完善和发达的美国,《产业标准》将网络经济分为十个类别：互联网零售、网络媒体、门户网站、经济金融服务、金融投资、电信服务、互联网设备、计算机软硬件、互联网软件和服务、互联网建设。但是对于网络经济信息化程度不高的我国，这样精确的划分类别显然是不完全适合的。

## （一）我国网络经济的类型

在我国现在的网络经济条件下可以将网络经济分为计算机硬件设备、网络设备以及软件应用、互联网建设和网络服务、网络信息服务、电子商务五种。

1. 计算机硬件设备

计算机硬件是有一批硬件制造厂商进行加工制造的，而计算机硬件又是互联网使用的基础设备，属于制造工业与网络经济的交叉产业。当然由于硬件设备的技术、研发、制造的更新速度非常迅速，同时用户对于计算机硬件的要求也越来越高，更新换代的频率也随之加快，所以在相关于网络的经济中这部分占比也不可忽视。

2. 网络设备以及软件应用

网络设备是在网络中起到从主干网向区域网分级架设所使用的设备，包括网络服务器、交换机、路由器、电信运营商基站设备及信息与通信解决方案。在这一行业内美国有著名的思科、高通、网件、微软等等，而在网络经济异军突起的中国也出现了大批的有实力、有技术竞争力的企业，如华为、中兴、华硕等全球领先综合性通信制造、信息与通信解决方案供应商。

3. 互联网建设和网络服务

互联网建设和网络服务是控制国际互联网进出口的相关企业，在我国有中国计算机互联网、中国金桥信息网等为代表的互联网建设和网络服务企业。为集团大客户以及国家间的互联网业务提供服务支持。

4. 互联网信息服务

互联网信息服务是指利用互联网提供信息服务。互联网信息服务的企业经营方式分为提供收费信息服务和提供免费信息服务两种。提供收费信息服务的企业是通过向客户收取信息费经营方式来实现盈利的，此类企业有网络娱乐游戏企业、网络媒体企业、金融信息服务企业等，如完美时空、亚马逊的电子书、大智慧等；而提供免费信息服务的企业是通过向客户提供各类生活、工作等信息服务的同时推送广告并通过点击率的经营方式来实现盈利的，此类企业多为各门户网站、搜索网站等，如新浪、网易、百度等。

5. 电子商务

电子商务是指在网络环境下利用网络应用、信息保密手段通过互联网进行商业金融贸易活动，实现购销双方在互联网线上非实地的金融交易活动。概括地说电子商务就是利用计算机技术、通信技术及网络信息技术进行的商务活动。根据买卖双方所处的不同社会地位和社会角色进行区分，将常规的电子商务定义为 B2C、B2B、C2C 等几种主要模式。

## （二）我国网络经济中电子商务的类型及发展

我国网络经济的发展极为迅速，尤其是电子商务的发展在世界网络经济范围内的表现都十分抢眼。我国的电子商务主要有以下几种类型。

1. 网上购物

网上购物，简称网购，是在如淘宝网、京东商城、亚马逊、当当网等互联网购物平台上进行提交货品订单，然后利用网上支付（网络银行、信用卡、第三方支付平台）或者货到付款等形式付款，再由快递或者物流公司进行送货的一种新型购物形式。我国的网上购物的付款方式一般有三种，分别是货到付款、网上银行直接转账或者付款到第三方支付平台，收到货物后再由第三方支付平台将货款转给售货方。在网上购物的整个流程中间就会产生很多的经济信息，如银行卡号、密码、收货人收货地址、信用卡信息和支付平台的个人经济信息等等。2013 年政府加快了网络零售市场的立法进程，新《消费者权益保护法》将网上购物相关的个人信息保护、追溯责任等内容纳入其中，保障了消费者网络购物的基本权益。

2. 网上银行

网上银行又称网络银行、电子银行，简称网银，是商业银行等金融机构依靠互联网技术，通过网络为客户提供注册、查询、转账、信贷、网上支付以及金融投资理财等传统金融服务的一种新型业务，让客户可以随时随地安全快捷地进行金融管理服务。在信息网络化、金融经济网络化的新时代，网上银行根据客户类型的不同分为个人网银和企业网银。

网上银行有着无纸化交易；服务便捷、高效、安全可靠；经营成本低廉等特点。网上银行所服务的业务类型主要包括基础业务、网上金融投资理财、网络购物、企业银行及其他金融服务。

3. 网上支付

网上支付是一种电子支付形式，它使用户通过互联网接入第三方与银行间合作设计好的支付接口进行支付，此类支付方式的代表为支付宝、微信支付等。这种支付方式的优势在于用户的资金可以不经过银行方的人工核实确认直接转到对方收款账户中，可以做到即时到账，省去了传统银行转账过程中的很多中间环节，方便、快捷。但由于互联网信息技术本身的缺陷和漏洞，此类支付方式还有不可预知的网络木马等非人为或者人为手段的侵入导致的网络经济安全问题。

4. 网上炒股

网上炒股是利用互联网通过股票代理机构进行股票买卖的一种股票交易方式，其形式类似于网络购物。股民在可以网上交易的股票代理经纪公司开户，就可以凭个人账户名和所设置的安全密码进行网上股票交易，用户在家里用电脑就可以随时关注证券交易所的实时股市行情。网上股票交易方便快捷，交易能随时进行，不受时间和地点限制，可以及时把握股市行情动态，通过电脑甚至手机就可以进行股票委托交易，效率极高。

与网上购物相似，网上炒股具有以下特征。信息反馈及时；交易简单便捷；随时查看交易信息；交易安全性较为复杂。但由于网上炒股涉及和使用互联网环节较多，而互联网信息、技术本身存在缺陷和漏洞，以及不可预知的网络木马等非人为或者人为手段的侵入导致的网络经济安全问题，因此在网上炒股时应谨慎交易。

5. 旅行预订

旅行预订是指用户利用互联网进行旅游信息查询、旅游产品预订以及评价的网络消费形式。其中包括航空机票预订、汽车火车票预订、酒店预订、景区门票预订、网上租车服务等旅游出行相关配套服务。这种网络消费服务形式主要依靠互联网与传统的旅游产业中景区景点和交通服务紧密相连，提供方便、快捷的出行服务。同样在旅行预订这种网络服务中也存在着经济信息安全问题。

## 二、我国网络经济信息安全现状

通过以上介绍可以看出，我国近一半的人口活跃在网络的方方面面，八成以上的网民可以用手机随时随地上网浏览信息、发表意见、预订票务酒店或者进行网上金融交易，网络经济中的一部分网络零售交易的总额度已经相当巨大，同时也把附带个人信息的资料发布到了互联网上。因此，网络经济中的信息安全问题就是一个不可回避的潜在危机。网络经济中的经济信息安全现状并不容乐观。

在经济全球化、信息化的今天，网络经济在国民经济中所占的比重越来越大，在世界各国的国民生产总值中所占的比重已经达到了不可估量和忽视的程度。网络经济对 GDP 的贡献可以通过波士顿咨询公司发布的《网络连接世界》报告看出，该报告指出 2017 年网络经济对英国整体 GDP 的贡献率最大，其中网络经济规模已达 1210 亿英镑，在英国 GDP 中所占比重达 8.3%，中国以 5.5% 排名第三。然而，在如此迅猛的经济发展中更加需要注意到网络经济腾飞背后存在的不容忽视的问题——信息安全问题。

当前各种网络犯罪正在利用各种信息系统管理和信息安全的漏洞及缺陷对全世界各国的经济发展和社会稳定造成极大的伤害。每年全球经济损失中有超过 4000 亿美元是由网络犯罪这种形式造成的。仅在 2017 年一年，超过 3 亿人的个人信息通过网络手段被盗走。

### （一）我国网络经济及网络信息犯罪的现状

网络经济犯罪实质上就是利用互联网信息的技术安全漏洞来窃取用户信息资源后实施犯罪活动。对于我国的网络犯罪状况，1986 年，我国出现了第一例网络犯罪，此后利用互联网犯罪的案件迅速增加，2017 年网络犯罪案件数量达到了 4712 起。出现了网络诈骗、网络敲诈、网络经济信息窃取等形式的互联网犯罪案件，其涉案总金额则从万元计发展到了数百万元之巨，网络犯罪间接造成的经济损失更加难以估量。

我国的网络犯罪案件数量增加趋势明显，尤其是网络经济犯罪案件的发案数量的增加更加突出。根据中国公安部的统计，从 2009 年到 2017 年，中国网络犯罪案件数量从 2259 起增加到 4712 起，年增幅超过 40%，在全国总的犯罪案件中占比更是由 2.1% 上升到了 3.2%。网络犯罪给个人及企业造成了巨大的经济损失，同时也影响了社会的稳定和国家经济社会的安全。从上述数据来看，在互联网环境中网络犯罪的急剧增加，已经对国家经济信息安全和社会稳定造成了重大的影响。怎样才能预防和从根本上遏制网络经济犯罪事件的发生，给我国政府提出了一个巨大的挑战，同时，对于网络经济信息安全的保护不仅是政府的制度管理和法律制裁的责任，身处互联网世界的每一个人都应该更加警惕和防范网络经济信息的安全问题的发生。

## （二）我国网络经济及网络信息犯罪的类型

1. 网络信用卡诈骗

网络信用卡诈骗是指利用计算机系统及网络信息技术对信用卡可以在网上进行支付这个特点，对信用卡持有者进行经济偷盗和实施诈骗行为取得利益的一种网络经济犯罪行为。网络信用卡诈骗利用了信用卡的支付特性和网络信息技术的漏洞进行犯罪的形式与传统经济犯罪方法有很大区别，并且发案率非常高，对社会具有巨大的危害性。

2. 互联网诈骗

互联网诈骗是指犯罪分子利用互联网的高隐蔽性和信息的共享性向互联网用户实施诈骗的行为。互联网诈骗具体包括电子广告、邮件诈骗；网络、电话、短信诈骗；黑客攻击；病毒、木马盗取密码；假冒网站与网址嫁接等方式盗取个人的经济信息后，进一步盗取银行账户或将个人经济信息出卖给他人。

3. 网络非法经营

网络非法经营是指利用互联网进行网络传销、从事非法的电信增值业务、进行网络非法渠道货物买卖等经营活动，并通过信息的买卖获取利润，对社会造成不良影响。

4. 网络侵权

知识产权是指权利人对其所创作的智力劳动成果所享有的专有权利，如发明创造、文学及艺术创作作品，以及商业行为中涉及名称、标志以及外观设计所使用的行为，均被认定是某行为人拥有的知识产权。知识产权主要包括专利权，商标权，著作权、版权等，而网络知识产权基本上涵盖了以上的常规知识产权的范围，此外还有商业秘密和科学技术类作品在互联网上的使用与保护等情况，由于连接国际互联网的计算机系统可以轻易从网络上搜索并拷贝以上知识产权的信息，互联网的分享性和隐蔽性造成了网络知识产权的维权界定比较困难。另外，几乎所有侵犯知识产权的行为都会涉及经济利益。因此，网络侵权也属于网络经济信息安全范畴。

5. 网络经济信息窃取

互联网上进行的经济信息安全犯罪一般都是由于网络上的虚拟性和高额回报等利诱情况的发生导致的用户被骗取个人信息以及涉及经济相关资料的安全问题。以高收入高回报的条件作为诱饵来吸引网民和用户最后一步一步的将用户信息和钱财骗走。

### （三）网络经济信息犯罪的特点

网络经济犯罪与网络信息安全都是与信息网络技术这一科学技术是紧密相关的，网络经济犯罪这一新形式的经济犯罪在互联网这个无形的网络世界里有着自身的一些与其他形式的犯罪存在很大差别的固有的特性。为了能对公安刑侦部门的工作以及打击经济信息犯罪起到有力的帮助，有效遏制网络经济犯罪，以下对网络经济信息犯罪进行深入的取样分析并总结出一些特点。

1. 犯罪主体多样化

网络经济信息犯罪的嫌疑人的身份、职业、年龄都趋于多样化，各行业各领域都会出现网络经济信息犯罪的可能。从近年相关案件的统计中显示网络经济信息犯罪还呈现出低龄化的趋势。

2. 犯罪成本低

对于网络经济信息犯罪来讲，其犯罪成本极低。以低成本换来的是犯罪嫌疑人高额的"回报"，在这样的利益驱使下就导致网络经济信息犯罪频发，并且有着越来越高的技术手段。

3. 涉案金额大且涉及面广

从近年我国发生的各类网络经济犯罪案件来看，网络经济犯罪案件的发生有着广泛性的特点，全国范围内不论是东部发达地区还是西部欠发达地区都有不同程度的案件发生。并且涉案金额呈现越来越大的趋势，少则数万元，多则数百万，涉案人员行业领域也广泛多样。

4. 隐蔽性强且取证困难

由于互联网的信息共享性、不确定性、开放性使得网络经济信息犯罪具有隐蔽性强的特点，同时用于犯罪的互联网等科技技术手段造成了有关部门取证困难，从而加大了网络经济犯罪案件的破案难度。

5. 社会危害大

由于互联网信息技术自身的缺陷和漏洞，随着互联网的深入普及，网络经济信息犯罪案件的社会危害也越来越大，并且因为网络经济信息犯罪具有有别于传统犯罪的新的特点，导致网络经济信息犯罪的社会危害性远大于常规犯罪案件。

## 三、我国网络经济信息安全存在的问题

### （一）网络经济信息技术及产品自身存在的问题

信息技术发达的欧美发达国家在信息资源的利用、控制和信息产品的垄断以及信息相关标准的制定方面占据绝对优势。美国垄断和控制了全世界绝大部分的互联网相关的软硬件产品，如计算机操作系统、手机操作系统和软件应用、计算机 CPU、大型互联网通信基站和手机网络基带专利等关键性网络产品的技术。诸如微软、英特尔、AMD、高通、思科、苹果等信息技术高科技公司垄断了我国有关领域的信息资源。仅仅微软公司近乎完全垄断了我国个人计算机操作系统，而英特尔、高通更是垄断了几乎所有电脑、手机的中央处理器，这给国家安全和我国国民健康经济发展埋下了巨大的隐患。

### （二）网络信息安全标准和法律法规相对滞后

一直以来，以美国为首的西方发达国家控制着互联网以及核心软硬件技术等相关技术的标准制定和专利权。在法律法规的建立方面，美国政府已经通过了与信息安全相关联的法律文件 400 余部；英法德意日和俄罗斯等 100 多个国家自 1987 年以来也陆续制定了涉及信息安全的一系列法律法规，反观我国在这方面还落后很多。

《中华人民共和国计算机信息系统安全保护条例》是我国于 1994 年 2 月 18 日颁布的中国第一部关于信息网络安全的法律文件，在涉及网络信息安全的法律法规方面使我国有了初步的体系，在国务院、全国人大、国家安全部、工业和信息化部、公安部、文化旅游部、国家保密局、国家广播电视总局以及各地方政府人大等相关机构的共同努力和积极推动下所建立的法律法规在各自的领域发挥了重要的作用，为我国的经济、文化、社会以及国家安全方面都做出了重要的贡献。虽然在网络技术迅速发展的条件下，我国的信息网络安全方面的法制化建设也不断地向前进步，并取得了一定的成绩，但是有关部门也一定要正视一个现实情况，我国在关于保障我国信息安全及网络安全方面的法律法规相对发达国家还是滞后的。

我国与网络信息安全相关的法律法规以及司法解释等文件共有近百部。其中包括法律类（1979—2005 年）共 13 部；行政法规（1994—2004 年）共 11 部；部门规章（1997—2012 年）共 13 部；国务院各部门制定的其他规范性文件（1996—2010 年）共 41 部；地方性法规和地方规章（1994—2009 年）共 14 部。

从以上对于我国网络信息安全相关的法律、法规等的统计可以看出，从1994年开始，我国针对网络信息安全问题颁布了众多法规和制度文件，在互联网信息管理方面的法制体系框架已初步成形，同时这些法律规定对规范我国网络信息安全方面起到了重要的作用。但是互联网信息安全的法律体系建设是我国在信息化社会进程里要面临的一个重大挑战。由于互联网的广泛应用和信息安全的全球化难题都需要一个国家在建立和完善相关法律监管体制方面进行不断的探索和实践。当前，我国的网络信息安全方面的法律体系，仍然停留在老旧的"渗透型"这一模式下，就是说国家并没有单独的制定和建立专门的网络信息安全法律法规，而是将涉及网络信息安全方面的内容渗透到其他领域和部门的相关法律、行政法规、部门规章文件和司法解释中。因此，我国没有完善的网络信息安全立法体系。目前我国在互联网信息、安全保护方面的法律还存在着很多不完善和难点主要分为以下四点。

1. 网络信息安全法律位阶低

目前，《关于维护互联网安全的决定》是我国唯一一部专门设立的关于互联网信息安全监管的法律文件，该文件是由全国人大常务委员会制定的，其他法律、部门法规等文件都是由国务院及政府各部门颁布的，这些关于网络的法律性规范在实际使用中的法律位阶偏低，法律效力不强。特别是一些部门的规章和决定，在法院的案件审理中，只是拿来作为参考文件使用。无法起到法律规范应有的约束和强制规范作用。

2. 现行相关法规存在有悖于法理的情况

各级政府部门纷纷出台了自身领域相关的网络信息安全部门规章和行政法规，同时出现了一个始料未及的问题，有些法规和决定并没有经过详细的商定和思考，缺乏逻辑性，存在着与法律法理相悖的情况。

3. 部分法规内容不明确

目前我国可循的互联网信息安全的法规、决定和规章存在内容与职责不明确，并且存在法律盲点和法理争议的问题。同时存在关于互联网新时期产生的新经济形态和实物有界定不清的情况。

4. 部分法规文件可操作性不强

在今天，网络科技与信息科技是经济全球化和信息化的推动力的同时，网络科技也可能是反作用力，这印证了科技的发展具有明显的两面性。而对于网络监管的尺度把握也是一个很难简单定论和协调的问题，规定的严格程度对我国经济社会的发展也会产生巨大的影响。法律规定过分严格会使网络经济行业的大环境陷入僵化格局，难以经营；规定过松，把控不严使不法之徒在利益驱使下铤而走险，随即便会产生大量的社会问题甚至犯罪案件的发生，不利于经济的健康发展和社会的稳定。

## （三）网络经济信息管理制度中存在的问题

我国全国人民代表大会通过的《关于维护互联网安全的决定》对网络信息及其网络安全做出了较为详细的规定，但是在日常的社会生活工作中，对于规定的执行并不深入彻底，个别单位及个人把不应该不允许公布的信息在互联网上公布，造成信息的泄露。对于在互联网上发布信息的机构及提供网络信息服务的组织机构，应该在信息安全的保障制度方面加强管理，对信息审查、维护管理、网络建设、网络维护以及系统安全维护等诸多方面都要加强管理的严肃性、严格性。对于网络信息管理和维护的相关工作人员更要注意对其信息技术水平和安全防范意识进行培训学习。

我国的信息安全管理中最重要的方面是经济信息安全的管理，而我国在这一方面存在的问题更加突出更加紧迫，信息保密制度不完善、保密工作执行不严、相关管理人员信息安全意识淡薄等问题也很突出。从政府或者企事业单位角度来讲，这些机构对信息安全工作中问题信息的区分还存在概念模糊现象。在经济全球化程度日趋加深的今天，对于极其重要的经济信息的搜集、监听、盗取等信息安全活动会更加频繁密集，对于国家重要的经济信息的丢失泄露会酿成更加严重的后果，以至影响国家的经济安全和社会稳定。

## （四）高素质网络经济信息安全技术人才严重缺乏

在当今世界谁掌握了信息技术的制高点就掌握着这场战争的主动权和胜利点，通过信息指令就可以瞬间结束战斗。而当前我国在信息通信和互联网科技等高新科技领域都远远落后于发达国家，在这一情况下我国对通信和互联网设备的取得方式只能是进口，然而这些进口设备和系统的背后是否存在对方国家留下的技术后门和隐藏病毒我国仍然没有办法去识别。因此，我国在这一领域受制于人，有着随时受到信息安全威胁的可能，并且我国的经济信息就赤裸裸的暴露在对方的眼前。我国在高新信息技术的人才培养和储备方面更是岌岌可危。由此可见，网络技术和信息技术的竞争本质上就是人才和智慧的竞争。

除对网络信息安全的保障和维护，常规的军队、警察等机构对网络信息安全人才的大量需求之外，政府及企业对于信息技术和网络信息安全保障的人才的需求也是同样的。目前，我国高素质的网络信息安全人才仍然严重缺乏，其中战略人才和技术专业人才的缺口尤甚。而信息安全和网络安全对一个国家无论是政治安全还是经济安全都是至关重要的。

### （五）网络经济信息运行环境下的道德失范日益严重

保护网络经济信息安全，有效防范和遏制网络经济信息安全事件，已经成为当前亟待解决的重大社会问题，也是维护我国社会主义体制下的市场经济秩序、保障公民合法权益的紧迫任务，有着巨大的社会意义和现实意义。加强网络安全管理，不断完善网络经济信息安全管理机制，就必须杜绝网络经济信息的管理漏洞，完善的管理体系可以大幅提高工作效率。同样，科学合理的网络经济管理体系更加可以大大增强网络经济信息的安全性。事实上，大多数网络经济安全事件和安全隐患的发生，一个重要的因素就是管理严格性的缺失。有调查表明，一半以上的网络漏洞是人为预留的，因而网络犯罪大多来自熟知系统的内部员工。因此，加强网络经济信息的安全管理，防堵安全漏洞的意义是十分重大的。加强网络经济信息的安全管理科分为以下四个方面。第一，加强技术的升级改造，采取多种技术手段交叉应用来拦截和阻断互联网技术漏洞；第二，发展网络电子认证机制；第三，严格实行网络实名制，避免身份的盗用；第四，加强物理防御。保密单位、经济、金融等重要机构部门对涉密内容要及时与网络分离，尽量避免网上操作整理经济信息，涉及网络信息的操作，要及时阻断网络，然后再在计算机上整理。

### （六）我国网络经济信息系统防御能力低

我国所使用的国际互联网这一国际主干网络是由发达国家开发和制定的网络规范和标准，其网络设备以及计算机终端等关键硬件设施和软件系统等技术均来源于国外，而网络在信息安全方面的共享性这一特点，就注定了我国的信息安全存在着巨大的隐患。我国政府自1999年启动了"政府上网工程"以来，各级政府网站不断建立并对外开放，而进入21世纪以来，我国以电子商务为代表的网络经济正以迅雷不及掩耳之势高速的发展，但是对于这些系统和后台的维护与保障我国一直没有拥有自己的核心技术，因此存在着重大的网络经济信息安全风险和隐患。同时随着我国金融领域的信息化和政府部门的信息化进程的推进，我国的网络经济信息安全就像一扇敞开着的大门一样，不具备防护能力。在多变的未来世界局势下，国民经济和社会稳定都会受到十分严峻的影响和挑战。

## 四、我国网络经济信息安全问题产生的原因

### （一）政府的政策导向性不足与观念谬误

我国政府的政策是决定一个产业发展程度和趋势的约束条件，信息产业也不会例外，当然其他国家的产业发展也都不能脱离国家的相关政策的指引。软件产业就是一个典型的例子，我国和印度在市场规模、人口及软件相关人才数量上都没有明显的差别，并且在国民经济实力角度我国更胜一筹，但是因为我国政府对于软件行业的认识比较晚，在政策上没能及时跟上时代的步伐，导致我国在软件行业的核心技术方面与印度产生了巨大的差距，虽然我国软件行业在近几年有较大的进步但是还是与世界先进水平存在着不小的差距。

我国信息产业发展到今天，仍然存在一个错误的观念，那就是把网络信息产品和网络信息技术当成附属于某个工业领域和行业内的错误认识问题，并没有看清信息化这一新时代的新课题给世界各国带来的机遇和挑战。对信息化社会的错误观念和认识不仅影响了我国在信息产业领域的发展，并且还涉及我国的经济信息安全与社会的稳定。

### （二）信息安全立法滞后和信息安全警惕性不高

我国存在着信息化不高和信息安全宣传力度不足的问题，此外还有我国广大民众对互联网和计算机网络系统的故障、黑客攻击、病毒入侵、网络犯罪等信息安全事件的防范认识不够，甚至对此类问题的发生没有认知。导致对信息安全问题的反应迟钝、缺乏安全防范意识。

首先，由于我国政府对信息产业的法律制度体系建设不够完善，导致了在信息产业内竞争规范的建立、信息产业秩序的维护、信息安全工作的监督活动的规范、信息管理、信息安全和保密等多方面的法律法规体系设置不健全。

其次，随着社会信息化进展的不断推进，信息安全问题成为国家和政府不能忽视的重点战略安全问题。网络盗窃、网络诈骗、网络敲诈勒索、网络信息拦截窃密、网络信息、监听等各种形式的网络信息安全事件不断增多，对网络安全的正常秩序带来了威胁，不但损害了公民的信息安全，还造成了更大的经济损失。

最后，当前我国的网络信息安全方面的法律体系，仍然停留在老旧的"渗透型"这一模式下，就是说国家并没有单独的制定和建立专门的网络信

息安全法律法规，而是将涉及到网络信息安全方面的内容渗透到其他领域和部门的相关法律、行政法规、部门规章文件和司法解释中，没有完善的网络信息安全立法体系。

综上，当今的网络信息安全早已变成了超越单纯的信息技术层面的严重社会问题。同时也不可能把信息化误解为安全问题的根本来源问题，信息安全问题必须在国家经济安全、社会稳定以及国家安全战略领域提升到一个新的高度。

## （三）我国信息管理不严格和信息利用的效率低

我国在网络管理及信息管理方面存在着很多的问题和薄弱点，如网络域名和 IP 地址管理模糊、分散；多家域名代理商和互联网管理部门对于域名、IP 地址的申请使用情况处于较为混乱的状态，在申请及分配使用方面，网络管理部门存在相互推诿和职责不清现象；网站备案登记要求过低。根据现行的相关规定，非经营性网站的开立只需在省级通信管理部门的电子政务系统中填写对应的申请表格即可自动获得备案号，没有审核和监督权限的限制，因此备案信息的准确率较低，最终在网络违法案件发生时由于信息不足无法及时处理。同时，甚至存在大量网站没有备案登记，网站的互联接口接入控制过松等现象。我国网络接入服务企业一般并不对网站开办者身份进行身份核实登记认证，不必提供相关手续，只需缴费即可，这样就会使违法违规网站大量滋生。

我国信息资源的管理也存在着很多的不足，没有打破传统计划经济模式和思维下的没有现金的信息管理制度及相应的思维定式。此外，我国在信息资源的开发利用方面还是固守着老旧的思维和意识，还是按照计划经济时代的固化模式在发展。由于我国在信息产业的发展方面投入力度明显不足，没有规范的人才培养机制和产业发展目标以及相关法律问题，在信息安全产业的许多方面都处于起步阶段，如信息咨询和保障的水平程度很低，所以导致网络信息开发利用的效率很低，更缺乏统一协调的管理，造成我国信息产业的发展受阻。信息、资源还有信息不对称和共用性两个特性都会对信息安全产生一定的影响造成个人隐私、经济信息的泄露和破坏，影响经济社会的发展和社会稳定。

我国现行的网络信息管理仅仅是将原有实体行政部门职权延伸至网络管理体制中的一种模式，即网络行业主管部门、网络文化管理部门、安全监督管理部门、网络市场监督管理部门、参与协调管理部门这五个行政系统部门，具体运营时所涉及的部门达 31 个。而采取的具体管理方式也是涉及哪个部门哪个部门就负责，但是在实际运营过程中，任何一个网络管理问题都不可能是一个部门就可以完全解决的，因此就出现了互相推诿的情况，与设立互联网管理体制的初衷背道而驰。其具体表现有以下三个方面。

一是监管职责交叉，部门间少有分工协作。互联网上的信息资源存在复杂多样的特性，各门类间相互交融、相互交叉。因此，互联网信息安全管理就会牵涉多个职能部门参与其中，对于这种职责的交叉，各部门存在"自扫门前雪"的现象，部门间协作较少。并且随着互联网不断发展，新类型的问题层出不穷，出现很多跨领域跨部门的网络监管问题，导致现有的互联网信息管理模式分工协作难度较大，容易造成问题的堆积。

二是部门之间权责划分不明确，易出现监管集中区或空白区。目前我国网络信息安全的行政管理，一般由相关部门按照传统行政管理模式进行监管，所以由于互联网信息的跨领域、多样性、广泛性使互联网行政监管的主体几乎涵盖新闻出版、信息、机械电子、工商行政、公安、国家广电、医疗、卫生、教育、邮电等相关职能部门。这种多头管理、各自执法的格局就会造成权利、责任划分不明确，进而可能造成处理同一问题时出现多头管或者无人管的情况，就是集中区或者空白区。造成网络信息监管的效率低下。

三是政出多门，过程繁杂。涉及互联网信息监管的所有部门基本都有自己的一套法规，但是实际上互联网行业的从业者在处理一些问题时可能会遇到多个部门的规定不尽相同，给从业者造成一定的困扰和增加负担。并且从业者办理某些手续时往往需要多个监管部门的审核登记，对从业者来说将延长办理周期，降低行政管理的效率，还会增加经营成本。

### （四）核心信息技术落后且严重依赖国外技术

我国无论是在信息技术发展，还是经济信息安全方面都相对落后，在核心信息技术和网络技术方面对信息技术发达国家有着很强的依赖性。我国的信息化社会建设中，各层次的信息化结构都是依赖国外的信息技术才得以建立的，计算机中央处理器、计算机桌面操作系统、网络信息基带等核心技术以及专利都是由国外控制的，这就使得我国的信息安全存在着巨大的隐患。并且我国在信息系统中的各个重要零部件和核心网络信息技术方面都和国外企业有着巨大的差距，而我国在此方面仍处于通过低级的代工赚取极其微薄的利润的处境。不掌握核心信息技术在网络信息时代就会处于被动和劣势。因此，我国信息产业的发展若一直依赖于发达国家，那么我国在信息产业发展中就不能掌握主动权，处处受制于人，谈何抵御外来威胁、何以保障我国的经济安全和社会稳定。

# 第三节　国外政府相关政策措施及对我国的启示

网络信息安全尤其是网络经济信息的安全在信息时代，关乎一个国家的关键性经济命脉的安全。发达国家更是将网络信息技术和网络经济信息安全管理放到国家安全战略和国家经济发展战略的重要位置。政府在维护网络信息安全方面应该起主导作用。对于网络技术发展及网络信息安全保障与发达国家相比还有一定差距的我国来说，借鉴发达国家政府的相关政策措施对我国无论是经济发展还是保障社会稳定都有着重要的启示意义。

## 一、充分认识网络经济信息安全在国家战略中的地位

我国虽然在信息化社会环境下已经成长为网络信息技术的大国，但并不是强国，信息化水平还处在较低水平。因此，我国应该重新审视网络经济信息安全在保障国家经济安全甚至国家安全中的重要地位，然而在保障网络经济信息安全的重要性方面需要我国充分参考借鉴美国的《网络空间安全国家战略》、俄罗斯的《信息安全学说》等，制定一套适合我国国情的具有跨时代指导意义，并能够跟进信息化社会进程的信息安全战略计划，明确网络经济信息安全在信息安全战略中的重要地位，进一步提升网络经济信息安全在我国国民经济发展以及国家安全中的突出地位。

## 二、完善保护网络经济信息安全的法律体系

与美国、日本等信息发达国家相比较，我国的网络经济信息、安全立法工作仅仅处于起步阶段，在今天看来有很多法律法规甚至是滞后的。网络经济信息安全的保障立法应该是伴随着网络经济的腾飞，网络信息技术和信息、安全技术的发展同步向前推进的，更要具有一定的前瞻性。这样的法律体系才可以对网络经济活动和网络经济信息的安全起到监控及保护作用，才能促进整个社会和国民经济不断向前发展。

## 三、完善网络经济信息安全管理体系

对于网络经济信息安全管理体系的发展必须加强完善保护网络经济信息安全的技术和相关人才培养体系；鼓励创新，并通过创新来解决网络经济信息安全的相关问题；制定具有领先性的技术框架，以应对国际网络经济信息

安全威胁，保持国家安全应急防御能力；加快推进信息安全等级保护规范的制定，从而提高网络经济信息安全管理与网络经济信息安全保障能力。技术与管理并重，内外兼防，控制源头，变被动为主动，以保障我国网络经济信息的安全。

## 四、提高安全意识

加快保障网络经济信息安全人才培养，增强全民安全意识，确定网络经济信息安全人才教育和培训体系。信息安全应列为一级学科，网络经济信息安全为其二级学科，进行培养各级专门人才，同时开展社会化的培训和普及教育。

从国内入手，完善网络经济信息安全人才培养机制，增强我国民众网络信息安全意识。公民、企业、政府都参与其中，相互配合、相互协调，全面完善我国的网络经济信息安全保障工作建设。再推进国际网络经济信息安全合作，与世界各国联手打击国际恐怖主义和国际网络犯罪，以促进世界的和平发展。

# 第四节　我国保障互联网经济信息安全的建议

2014年2月27日，我国成立了中央网络安全和信息化领导小组。该领导小组将着眼国家安全和长远发展，统筹协调涉及经济、政治、文化、社会及军事等各个领域的网络安全和信息化重大问题，研究制定网络安全和信息化发展战略、宏观规划和重大政策，推动国家网络安全和信息化法治建设，不断增强安全保障能力。其具体职能体现在以下三个方面。第一，就是在过去工作的基础之上，推进全面深化改革，要将一些重大问题落到实处，如制定全面的信息技术、网络技术研究战略，制定相关法律，完善互联网管理内容等。第二，要实现建设"网络强国"的首要目标，要建设良好的信息技术基础设施，形成实力雄厚的信息经济，要培养高素质的网络安全和信息化队伍等。第三，网络空间建设将会成为长期使命，有关部门会集中力量，重点打击网络犯罪，对网络造谣、网络犯、网络淫秽信息进行几种清理。因此，面对我国网络经济信息环境中存在的安全隐患和面临的巨大挑战，我国政府应该不断调整相关政策。

# 一、建立覆盖全社会的基础设施保障体系

## （一）建立网络经济信息安全应急管理体系

针对网络经济信息安全建立的应急管理体系，必须要建立快速准确并且敏锐的预警机制、信息发布机制和处置机制，对处置过程中的行政权力运用加以规范。

首先，我国的现实国情决定了必须建立"一元二层"的网络经济信息管理体系。所谓的"一元"，就是指由国家统一指挥的应急协调机构。而"二层"指的是在国家统筹下，各地方政府以及各行业发挥自身的优势，在多部门的配合下，建立管辖范围内的网络经济安全应急管理体系。

其次，我国要建立敏锐的网络经济信息预警机制、信息发布机制和处置机制。在国家层面，建立一个能够在重大基础设施被攻击时发出预警的网络经济信息安全中心。在此基础上，对有关情况进行及时的公布，避免在社会上造成恐慌，建立信息发布机制；制定应急预案，针对不同类型的网络经济事件制定不同的情景计划。对已发生的网络经济突发事件，及时准确地掌握有效情报信息，对事件进行妥善处置，避免事态扩大。

最后，在应急机制中要明确划分各级的权责，做好集权与分权，要严格界定突发事件的定义和等级划分。在明确规定处置紧急事件的主体、运作程序以及如何保证公民网络经济信息的前提下，处置危机事件。用明确的制度规定主管部门在处置过程中的权利和义务，避免渎职和失职的发生。

## （二）完善病毒防治法律制度

网络经济信息面对的一个重大威胁就是病毒，新兴的网络病毒与以往相比，其传播速度极快且范围更加广泛，对被害人经济信息的窃取可以说是轻而易举的。如一名19岁的大学生使用自制的病毒，在短短两天时间内共获得10800多条短信，其中皆是受害人的重要信息。该事件在社会上产生了极其恶劣的影响。虽然该事件并没有造成直接的经济损失，但是一名普通大学生利用一个极其简单的程序就轻而易举地获得了大量经济信息，这反映出人们对病毒防治法律意识淡薄，对于窃取他人经济信息是触犯法律的无知。因此，我国要加快建立病毒防治的法律制度。在法律制度建立的过程中要注意以下三点。第一，树立预防为主的立法观念。第二，建立预防病毒基础建设的法律保障制度。第三，发挥市场的主体地位的同时，发挥政府的职能，避免不正当竞争导致的疏漏。

## （三）完善信息网络安全等级保护制度

有关部门应当根据《计算机信息系统安全保护条例》《计算机信息系统安全保护等级划分准则》和《信息网络系统安全等级保护管理办法》，尽快完善信息网络安全等级保护制度，为依法监督、检查信息网络系统使用部门的安全等级保护制度落实情况提供法律依据。网络信息的建设和使用单位应该根据标准和具体情况，选择符合本单位的产品，按照有关规定的要求进行网络安全等级保护的升级和改造，并通过有关机构批准的部门或机构进行校验。

## 二、完善我国信息网络安全法律、法规体系

法律法规是确保网络经济信息安全的制度保障。成熟的网络经济信息法律保障体系应该包括先进的信息安全保护法律观念、完备的法律体系、超强的法律效力以及与国际法的无缝对接。目前我国的法律体系还尚未完善，必须对其进行统筹规划、全面的协调与监督。

### （一）完善网络经济信息安全立法

首先，加快我国的网络经济信息安全理论和战略的研究，结合实际建立适应我国的行政法规。在我国已制定的《信息安全法》基础之上，落实国务院的《关于加快电子商务发展的若干意见》，针对电子交易过程、市场准入、用户隐私保护、信息资源管理等多方面现实问题进行深入研究，就新兴的网络问题进行实时追踪。推动法律仲裁、法律听证等形式在解决网络经济信息问题中的使用。从而真正做到对网络经济信息的保护问题能够有法可依、有法必依、违法必追、执法必严的法制治理。

其次，在研究本国的法律体系外，还要充分借鉴国外的先进体系，并寻求合作。随着全球化的趋势，使得网络犯罪范围不断扩大。在网络上人们的交流不受时间、空间的限制，如果传统的法律是"各自为政"，那么网络使用的法律必须寻求国际性合作。我国必须积极参与国际经济信息法的制定和研究，主动融入网络经济信息安全的国际法体系中，通过国际司法协助，建立全球信息安全网，切实维护国际利益。

### （二）对现有法律进行完善和升级

目前我国针对网络经济信息安全的法律除《刑法》外，还有《涉及国家

秘密的通信、办公自动化和计算机信息系统审批暂行办法》《涉密计算机信息系统建设资质审查和管理暂行办法》《互联网文化管理暂行规定》《全国人大常委会关于维护互联网安全的决定》《中华人民共和国电子签名法》等。

此外，我国针对网络经济安全的法律法规除重大案件外，都是民事或行政类的，处罚力度都较轻。网络犯罪的成本较低，也是网络经济信息安全难以保护的重要原因之一。法律应有的威慑力在此方面没有显现，一旦犯罪的产生，造成的社会影响和经济损失及政府权威的质疑将会增加。因此，不断推动我国网络犯罪的打击力度，不断升级或整改现有的法律法规，是一个不可回避或者绕开的问题。

## 三、完善网络经济信息安全的监督管理体系

网络信息技术的发展为人们带来了更广阔的视野，更便利的生活状态，更容易地沟通和交流方式。当人们依赖这种生活方式的同时，也因此产生了相应的危害。任何一种制度的产生和发展，都是受到社会状态影响的。完善网络经济信息安全的监督体系，建立与社会发展相匹配的管理体制，是我国政府的当务之急。

### （一）建立以预防为主的网络经济信息安全管理理念

我国的现实国情决定了我们不能照搬其他国家的模式，在技术发达国家，网络经济犯罪的发生尚不能根除，如果我国放任自流，其结果更难想象。因此，在坚持传统的指导思想基础上，有关部门要不断转变管理理念。坚持以预防为主，治理为辅的网络经济信息管理理念。通过树立这种管理理念，可以使治理网络经济犯罪的成本大大降低。政府转变这种观念，将公民纳入保护网络经济信息安全的主体，以更加积极的姿态迎接新的挑战，通过引导、服务、协商的措施来完善我国的网络经济信息管理体系。

### （二）建立与管理体系相配套的组织体系

在建立完善的管理体系的基础上，应该完善我国的安全组织框架，用明确的法规规定各岗位职责，划分职权范围，制定可操作的信息岗位认定标准和认证制度。建立安全组织体系应该做到：首先是高效的安全策略规划部门，能够及时梳理和搜集网络信息化工作流程，制定实施方案，并定期检查已制定的政策；其次是安全运营的流程管理，建立不断更新的日常维护和检查运作机制；最后要有针对性的安全技术模式，针对不同领域的模式要区别

对待，不能一概而论，将数据、传播以及应用三个层面划分开来，分别加以保护。

## 四、建立和完善网络经济信息安全技术与人才培养体系

拥有信息安全核心技术的关键在于拥有高素质的人才。信息安全技术是保障网络经济信息安全的强大武器。对于我国目前高速发展的网络经济，我国现有的人才储备不能满足期高速发展的需要。对于出现新兴的、复杂的问题，必须要投入大量的人力、物力才能满足发展人才的战略方针。建立我国独立的网络经济信息技术保障体系，必须要着眼于人才的培养，而在建立过程中要注意以下几点。

### （一）建立独立的网络经济信息安全保障技术体系

国家要对专门的网络经济信息安全技术研发部门进行有机整合，对于关键和核心技术，必须投入充足的财力和物力作保证。按照现实要求，完成国家经济信息安全所需的技术和设备研究，形成主要依靠本国的规模性生产。这种不依赖技术先进国家的做法，会避免我国今后在技术上受到他国的牵制。也降低了我国受到敌对势力、国际恐怖主义发起的信息战或其他高科技犯罪侵犯的风险，有助于保证我国的政治和经济独立性。网络犯罪是一种高智商犯罪，要想建立一个抵御力强的防御系统，就要不断更新技术，研发新的产品，对新的漏洞和错误及时进行修改，并实时更新病毒代码库，不给犯罪分子留下可乘之机。

### （二）健全网络经济信息安全的人才培养体系

目前，我国的计算机人才培养已初具产业化，各高校研究成果喜人。然而对网络经济信息管理的人才培养尚处在初级阶段。为了在高技术条件下，能够建立独立自主的网络经济信息安全技术体系，对于网络经济信息管理的专业人才，还要加大培养力度。要充分发挥教育在民众的基础地位，建立网络经济信息安全保障人才培养体系，在注重素质教育的同时，也要加大职业培训的力度。除此之外，还可以从国外聘请有志于投身我国网络建设的外国专家和学者，不断扩大各领域的高精尖人才队伍。

而预防网络经济犯罪特别是网络诈骗，不仅需要专业的计算机人才，还需要相关的法律和管理型的复合型人才，而对于普通民众的教育也是当务之急。因此，我国的网络经济信息安全专业人才队伍建设才是防范网络经济犯

罪的基础任务。保障社会网络的安全、预防犯罪的发生、遏制犯罪的蔓延成为目前我国政府有关部门亟待解决的一个问题，也是维护社会主义正常经济秩序，保障普通公民利益的重要任务。

## 五、建立网络信息安全国际合作保障体系

全球化的趋势使世界成为一个整体，解决网络经济信息问题，仅靠一国之力是不行的。作为一个负责任的大国，我国政府应该积极参与到国际法的推动和建设中，切实保护网络经济信息安全。作为发展中国家，我国既要认识到自身在技术上的弱势，也要有理、有利、有节同发达国家在安全方面进行斡旋，维护自身的利益。随着网络和经济的全球化发展，很多网络经济犯罪的发生也不单单与一国有关，多国联合执法已经成为必然趋势。没有国际交流和协作，就不能取得打击网络经济犯罪的全面胜利。

为了加强国际的交流与合作，我国应做到以下三方面。首先，我国要坚持在"平等合作、互利共赢"的前提下，加强与其他国家的国际合作，尤其是在安全标准、保障技术以及取证质证过程中的交流与合作过程，积极参与到国际网络经济信息安全管理的大框架中、经济信息安全国际监管体系中和全球制裁的方案中；其次，除了加强国家之间的合作，还要发挥大批跨国公司在信息和经济领域内的优势和重要作用，建立紧密的合作关系；最后，要鼓励国内的研究组织在技术上与国外的研究组织联合。除以上三方面外我国专家学者要自主解决网络经济信息方面的前沿问题，致力于现实问题的研究，并学习国外在保护网络经济信息方面的新技术成果，形成我国自身的技术防范力量。

针对我国的网络经济犯罪，尤其是诈骗罪行为，要实施积极有效且快速的打击行为，切实维护社会公众的合法权益。各国之间应联合探讨并制定一部具有广泛约束力的、针对网络经济犯罪的法律文件和安全管理体系。国际社会要在网络经济安全问题达成广泛共识的前提下，对有关问题进行集中管理，其具体标准和原则就是国际机制的建立基础。而我国除了积极参与其中，还要将已制定的政策或法律与国际规则做好衔接，注重兼容性，只有保持开放的态度和适度的控制，才能解决我国目前的网络经济信息环境中存在的问题。

# 第六章　移动互联网信息安全问题的防范与对策

我国移动互联网自 20 世纪 90 年代发展以来，已经发展成为一个拥有 13.8 亿用户的庞大基础信息设施。伴随着移动互联网用户的增多，公共信息安全事故也呈现高发态势，造成后果的严重程度逐年加剧。而目前我国移动互联网信息安全治理的政策研究极少，没有现成的理论模式，主要借鉴和引用国外的研究成果。而政府和社会对移动互联网公共信息安全的需求却极高，迫切需要在移动互联网公共信息安全方面开展深入的研究，建立一套切实可行的保障机制。因此，如何完善移动互联网信息安全保障机制，提出相应的对策，具有重要的实践价值和现实意义。

## 第一节　移动互联网信息安全概述

移动互联网的本质是实现随时的信息传播，可以将信息以更快的方式传播给其他人。而实现传播首先要有信息，因此保障移动互联网信息内容的安全，尤其是与公共利益紧密相关的公共信息安全是当前社会和谐发展的一个关键。由于移动互联网的开放性与匿名性特征，普通的网民无从了解发布信息者的真实身份，其信息的真实性也难以考证。作为公共信息来说，虚假的公共信息歪曲事实，误导舆论，带来极其严重的不良社会效应。移动互联网公共信息安全保障机制就是实现对移动互联网公共信息内容的规范，禁止非法、有害、虚假的公共信息在网上传播泛滥，保证公共信息的合法性、真实性，促进移动互联网公共信息内容健康、有序发展。

## 一、移动互联网公共信息

对于公共信息的概念国外有代表性的界定出现在1990年美国颁发的《公共信息准则》，将公共信息定义为联邦生产、编辑或维护的信息，并且认为公共信息是属于公众的信息，为公众信赖的政府所拥有，并在法律允许的范围内为公众所享用。国内许多学者就公共信息概念概括起来界定为3大类型。

公共利益说，即与公共利益有关系的信息就是公共信息。

行政主体说，即公共信息是指行政主体（包括行政机关、法律法规授权委托的组织、政府财政拨款的社会团体、社会组织）在行使公共权力过程中或在该组织职责范围内活动的信息。

广义政府说，即广义的政府——立法机关、行政机关、司法机关产生拥有的信息称为公共信息。

以上的说法中，公共利益说的解释有泛泛之感，而行政主体说和广义政府说对拥有信息的主体限定又稍显狭窄。公共信息是指所有发生并应用于社会公共领域，由公共事务管理机构依法管理，具有公共物品特性，并能够为全体社会公众拥有和利用的信息。

移动互联网公共信息是指通过移动互联网，能够存取、访问的涉及公共利益的信息，在移动互联网环境影响下的公共信息。

## 二、移动互联网公共信息安全的基本特征

移动互联网技术是一种在互联网上提供移动功能的网络层方案，使移动节点可以用一个临时或固定的地址与移动互联网中的任何主机通信，并且在切换不同的接入点时不中断正在进行的通信。下一代移动互联网用到的核心技术是移动IPv6技术，该技术是为解决节点跨越不同网段移动支持性问题而设计，主要工作于网络层，不仅适用于同种介质网络间的移动，也适用于异种介质网络间的移动。因为移动IPv6可以运行在不同的数据链路层协议之上，同时对网络层以上也是透明的，所以该技术有广阔的应用前景。

移动互联网的本质是实现信息的传播，而实现传播首先要有信息，因此保障移动互联网信息安全是关键。移动互联网公共信息安全指的是网络系统的硬件、软件及其系统中公共信息数据的安全，至少应包括静态安全和动态安全两层内涵。静态安全是指信息在没有传输和处理的状态下公共信息内容的秘密性、完整性和真实性。动态安全是指公共信息在传输过程中的不被篡

改、窃取、遗失和破坏。总的来说，移动互联网公共信息安全根据其本质的界定，应具有以下的基本特征。

第一，保密性，是指公共信息不被非授权解析，信息系统不被非授权使用的特性。这一特性存在于物理安全、运行安全、数据安全层面上，保证数据即便被捕获也不会被解析，保证信息系统即便能被访问也不能越权访问与其身份不相符的信息，反映出信息及信息系统的保密性的基本属性。

第二，完整性，是指公共信息不被篡改的特性。这一特性存在于数据安全层面上，是确保网络中所传播的公共信息不被篡改或任何被篡改的公共信息都可以被发现，反映出公共信息的完整性的基本属性。

第三，可用性，是指公共信息与信息系统在任何情况下能够在满足基本需求的前提下被使用的特性。这一特性存在于物理安全、运行安全层面上，是确保基础信息网络与重要信息系统的正常运行能力，包括保障信息的正常传递，保证信息系统正常提供服务等，反映出信息系统的可用性的基本属性。

第四，真实性，是指信息系统在交互运行中确保并确认公共信息的来源以及公共信息发布者的真实可信与不可否认的特性。这一特征存在于运行安全、数据安全层面上，是保证交互双方身份的真实可信和交互信息及其来源的真实可信，反映出在信息处理交互过程中信息与信息系统的真实性的基本属性。

第五，可控性，是指在信息系统中具备对公共信息流的监测与控制特性。这一特性存在于运行安全、内容安全层面上，是移动互联网上针对特定公共信息和信息流的主动监测、过滤、限制、阻断等控制能力，反映出公共信息及信息系统的可控性的基本属性。

# 第二节　国外移动互联网公共信息安全管理经验的启示

互联网信息安全政策的制定是各主权国家也就是各国政府的共同责任和权力，政府在公共政策问题上居主导地位，具有决策权。建立互联网信息安全保障机制是政府不可推卸的责任。虽然互联网的监管是在国家主导下进行的，但是互联网监管有别于其他行政管理，尤其是信息安全监管不能一味沿袭传统的管理观念，以单向的政府监管为主。互联网开放性、互动性的特质决定了互联网信息安全要充分发动公众参与，公众既是信息传播者又是信息的获取者，因此充分发挥公众的力量是保障互联网信息安全事半功倍的有效途径，传统的管理观念已经不能适应对互联网的管理。

# 一、应用安全

国际互联网络、移动网络及移动通信的不断更新进步，移动手机浏览器、移动搜索、手机地图、手机音频、移动视频、移动广告等将互联网与移动互联网业务组合起来，通过采取以下措施保障应用程序的安全，以确保移动互联网服务的安全性。

## （一）应用程序的访问控制

随着互联网上的许多资源类型的资源和信息的数量不断地增加其使用环境也变得越来越复杂，必须有严格的安全认证手段，以防止未经授权的访问对手控制资源。应用程序访问控制是应用系统提供统一的标识和基于数字证书的身份验证机制属性的基于证书的访问控制。应用程序访问控制，使用安全隧道技术在客户端和服务器应用程序之间创建一个安全隧道，隔离客户端和服务器之间的直接连接，所有的访问通过安全隧道接入，并且请求信息被安全隧道所保留。

## （二）内容过滤

Web 内容过滤是在内容过滤 URL 分类库访问控制的基础上，选择控制色情，反动等负面网站的类别，移动代码网页关键字的 Java、JavaScript 中的过滤，该过滤方式通过黑名单/白名单通配符来判别，正则表达是 URL 过滤器。反垃圾邮件的工作过程是通过发送和接收邮件，包括附件名称、附件内容、主题、正文内容、发送和接收电子邮件名称的关键字匹配过滤器，实现过境的垃圾邮件识别和过滤，再通过网上查询邮件的地址服务器，查明垃圾邮件的来源，阻止垃圾邮件继续发送。

## （三）安全审计

安全审计一般包含系统审核策略和应用审核策略两种类型的审计策略。系统审核策略控制的事件应该被记录为一个系统相关的活动，包括体识别、改变事件的权限以及管理安全策略（如修改文件的访问控制数据）。应用审核策略控制应用程序要审核的事件。

## 二、网络安全

移动互联网由移动通信和互联网两部分组成。其中包括接入网络的移动通信网络的基站（BTS）、基站控制器（BSC）、无线电网络控制器（RNC）、移动交换中心（MSC）、媒体网关（MGW），通用分组无线服务支持使用的Wi-Fi接入设备（AP）和其他设备。并且移动互联网通过使用相关化合物节点（SGSN）和网关通用分组无线业务支持节点（GGSN）进行信息传导。这些网络都需要进行安全技术处理，其中最主要的就包括以下几种方法。

### （一）加密和认证

加密和认证系统，即WPKI认证体系。WPKI认证体系就是WAP标准下的公开密钥体系（PKI），是以PKI为基础制定的WAP安全标准，适用于移动互联网环境。WAP的安全性包括WAP传输层安全规范WTLS、WAP应用层安全规范、WIM规范和WAP证书管理规范。

数据加密就是通过首次的移动设备和服务器之间的通信，使用公共密钥加密，以商定的加密参数，包括协议的版本，该组的会话状态，WTLS握手协议来生成一个共性关键选择提供相互身份验证的加密算法。在移动互联网中数据加密是保护数据信息的常用手段。

### （二）隔离的网络交换

隔离的网络交换是指通过两个网络的安全隔离，只允许特定的数据包在这两个网络之间进行交换。在隔离的网络交换过程中设置两个独立的网络处理单元，每一个相当于一个连接的网络的处理单元，各网络处理单元具有一个独特的隔离数据通道；两个网络处理单元是物理的两个单独的实体，一个网络处理单元无法控制用于数据交换的两个隔离通道操作，处理单元之间交换的对象是IP数据包，并且是通过专用的应用层协议封装的数据包，任何原始IP数据包均不能交换数据。

### （三）信令和协议过滤

移动通信网络的基站，核心网络设备的单元，提供移动电话业务和固定电话网络的端局与汇接局的功能部，均通过提供固定电话服务，移动通信网络环境和固定电话网络的七号信令实现网络互联与服务的互联互通。采用信令和协议过滤防御攻击的第七封信和各种通信协议，具有在安全管理系统的控制下完成信令和协议安全的功能。

## 三、终端安全

### （一）防病毒

移动互联网终端大多是智能设备，这些智能设备通常使用的操作系统应该是面对常见的病毒、木马、钓鱼等具有一定的防范能力的操作系统。应用软件的安全漏洞可以通过支持 SMTP 及 IMAP 协议来进行病毒防护。杀毒软件可以过滤电子邮件病毒、文件型病毒、恶意代码、木马、后门、蠕虫和其他类型的病毒。

### （二）软件签名

软件签名是指软件的完整性保护，防止软件被非法篡改。其功能是一旦检测到应用程序的安全管理设备被非法篡改便立即报警。

### （三）主机防火墙

主机防火墙是位于内部网和外部网之间的屏障，其按照系统管理员预先定义好的规则来控制数据包的进出，是系统的第一道防线。

### （四）加密存储

移动互联网终端的安全性是指在终端上用户的隐私和个人信息（包括地址簿，通话记录，发送和接收 SMS/MMS，IMEI 号码、SIM 卡信息、用户文档、图片及照片内）不被非法获得的特性。加密存储是对重要信息加密，并存储在终端中，以防止非法窃取，并且加密和解密是一个低延迟过程，对用户是透明的。

## 四、安全管理

安全管理是对安全设备的统一管理，最终实现整个网络的安全控制。安全管理需要在一个统一的界面中对所有的安全设备进行统一管理，以反映整个网络的实时安全局势，并对管理过程中得到的数据汇总、筛选，确定标准化的安全姿势，通过对优先级排序和相关的分析及处理，提高处理安全事故的应急反应能力，同时也通过所有类型的安全装置合作，有效抵御复杂的攻击。

## 五、基础支撑

基础支持,包括密钥管理,证书管理和授权管理,证书,密钥和授权管理系统,支持单机模式和级联模式。级联模式具有一个中心,该包含两个关键的数据中心,在两个数据中心中仅包含该密钥数据。

# 第三节　移动互联网公共信息安全问题防范对策

由于移动互联网快速发展,已渗透到政治、经济、文化、教育等各个方面,导致越来越多涉及公共政策的问题出现。移动互联网的发展带来了多种社会问题,甚至涉及国家的主权、社会稳定,因此制定移动互联网公共信息安全防范对策已经刻不容缓。通过对移动互联网公共信息安全模型的分析,制定移动互联网的安全防范管理的对策重点要从以下几个方面着手。

根据对移动互联网公共安全问题及管理模式的分析,移动互联网治理需要以政府为主导,政府引导是移动互联网健康发展的先决条件。移动互联网公共信息安全政策的制定是各主权国家也就是各国政府的共同责任和天赋权力。公共信息相对于其他信息具有权威性、有效性、广泛性、公共性、共享性等特点,一旦出现问题对社会将造成更恶劣的影响,也会对政府的权威造成影响,因此政府在移动互联网公共信息安全问题上居主导地位,具有决策权。

政府是移动互联网公共信息安全管理的主导者,是互联网管理的裁决者,对于出现的移动互联网公共信息安全问题有及时解决的责任。政府是网络监管的最终执行者,能强化对移动互联网络的监管,可以及时发现危及网络的安全问题,发现不良苗头,将问题及时处理。

政府是应急公共信息发布体制的设立者及使用者。对于紧急的公共信息发布,政府应建立应急公共信息发布体制,避免遇到紧急情况,如地震、暴风、暴雨时,公共信息不能及时发布。要明确规定遇到特殊情况,经哪级部门批准可以发布紧急公共信息,明确发布紧急公共信息配合部门,尽量降低损失。同时政府可以对公共信息被攻击出现的问题及时辟谣,避免广大群众形成盲动,造成恶劣后果。

应急管理体系是移动互联网公共信息安全保障机制的重要内容。应急管理体系是否合理直接关系到法律实施的效果。我国移动互联网公共信息安全应急管理体系应为一元化的两层结构。所谓一元化，是指国家应当建立应急协调机构，统一负责网络信息安全应急管理工作，而两层结构是指应当发挥行业和各级政府的优势，加强应急管理。

对于涉及国家安全或经济发展的移动互联网信息安全紧急事件，必须由政府统一协调指挥，控制事态的进一步恶化，尽快恢复移动互联网的正常运行和正常的社会生活秩序。

对突发性网络安全事件，政府有以下三方面的优势。首先，政府有控制一般网络安全事件演变为紧急或危机事件的职责；其次，政府有能力控制紧急事件和尽快恢复正常社会生活秩序；最后，政府掌握着大量的网络安全信息，可在关键时刻启动应急预案，保障国家基础设施连续运营。

建立移动互联网信息安全应急体系，可以在不同的层面来保障信息安全的五个属性。例如，通过取消权限来控制非法入侵者的进一步的行动，以保障系统的机密性；建立必要的重发机制来保证信息传递中的完整性；通过建立最小灾难备份系统来保证信息系统在受到灾难性攻击时的基本可用性；通过设置黑名单的方式将信息系统中多次出现破坏真实性的用户排除在信息系统的合法使用集合之外；通过采用阻断方式来保障系统的可控性，以便及时隔离病毒的蔓延，避免因网络流量异常而造成网络的进一步拥塞。

政府是相关法律法规的监管者。政府体系的中心职能应该是为经济、社会的发展提供一套理性而合法的机制，如果政府不能确保这一机制的运转，那其自身的合法性将受到质疑。同时政府应该针对移动互联网发展趋势以及信息安全的薄弱环节，不断推进相关法规制度体系的建立健全和贯彻落实。

政府是网络道德的倡导者。众所周知，道德不是国家强行制定和执行的，而是依靠社会舆论的力量、人们的信念、习惯、传统和教育的力量来维持的。在信息安全立法尚未完善的情况下，网络道德作为一种"软"力量可以规范和制约人们的信息行为，但是仅仅依靠网络道德是不能解决信息安全面临的所有问题的。我国颁发的《公民道德建设实施纲要》中明确指出"要引导网络机构和广大网民增强网络道德意识，共同建设网络文明"。

政府是网络道德规范治理的执行主体，必须加强管理和监督，通过政策引导来推动移动互联网的良性发展。要把建设和谐文化的要求贯穿于政府网络治理的全过程，推进社会主义核心价值体系建设，促进社会主义文化的大发展大繁荣。网络治理政策的制定与实施要切合移动互联网发展的要求，要坚持以建设和谐文化为目标，以社会主义核心价值理念为指导，促进和谐共生、健康有序的社会主义新型网络道德规范的生成和发展。目前，在政府治理层面，我国已经制定了一系列不同层级、相互配套的网络治理政策体系。

网络治理政策的制定和完善是一个动态的过程，在未来的网络道德规范失范治理中，政府治理应坚持政策与教育相结合的思路。

政府是公共信息组织管理制度的设立者。设立信息管理的专业性机构，打破条块分割，明确哪些信息应报告，应通过什么渠道报告，报告到哪些机构；明确信息报告的时限，避免信息报告受到人为阻碍；明确哪些信息应该公开，应何时、通过何种渠道公开。

政府是公共信息安全监督体制的建设者。加强对公共信息公开的监督考评，明确公共信息安全在政府机关的政绩考核比重。建立公共信息安全问责体制，避免遇到公共信息安全责任互相推诿，加强问责的力度，对于出现的严重公共信息安全问题要严肃处理。明确公共信息的定期巡查制度，避免公共信息被攻击未能及时发现，造成更恶劣的后果。加强新闻媒体对公共信息安全的监督，保障新闻媒体采访的权利，规避新闻媒体尤其是官方新闻媒体报喜不报忧。

# 第七章　个人互联网信息安全问题的防范与对策

目前，信息网络已经覆盖全球，人们的日常工作和生活已经离不开互联网，而我国互联网的人口普及率已经过半，甚至超过了全球互联网的人口普及率。随着科学技术的进一步提升，互联网已经进入了大数据时代，在这样的背景下，数据的搜集、使用、传播和分析能力都得到了质的飞跃。然而同时，伴随着数据处理能力大幅提升的是信息泄露、个人信息被非法窃取和利用的风险，用户的个人网络信息保护面临着前所未有的挑战。

## 第一节　个人互联网信息安全的内涵与特点

当今世界，互联网已成为全球化最重要的平台之一，它的普及和发展直接从根本上提高了人们的工作效率，改变了人们的生活方式，但它在给人们带来便利的同时，安全问题也层出不穷。黑客的入侵、计算机病毒的传播、虚假信息的扩散、网络信息的泄露等不仅时刻影响着人们的正常工作和生活，还严重威胁着国家安全。

### 一、网络信息与信息安全等概念内涵

#### （一）网络信息

关于网络信息的概念，理论界还没有形成统一的认识，有学者认为网络

信息是网络上所有信息的总和，也有学者认为网络信息是网络平台中对人们有价值的信息。概括来讲，网络信息是指通过互联网产生或与互联网有关的所有可见的和非可见的数据。可见数据包括公开信息和非公开信息，公开信息如新闻、广告、音视频、发表的言论等；非公开信息如私人邮箱、账号、登录名、密码、计算机存储信息等只有信息主体可以浏览的资料。非可见数据是指一般网络用户无法浏览到的信息，如网络后台自动保存的数据，网站等平台搜集的网上活动的综合信息（包括分析数据以及大数据），IP 地址和位置信息等。中共中央宣传部政策研究室副巡视员唐汇西认为，网络信息是通信类信息行为（私密行为）与网络公开信息的总和。这种定义涵盖内容宽泛，从法律角度进行研究时，其太过笼统，不够细致。胡海波教授认为，网络信息资源是指以网络为纽带连接起来的信息资源和以网络为主要交流、传递、存储方式的信息资源，是通过计算机网络可以被用户利用，满足用户需求的各种信息资源的总和。

### （二）个人网络信息

产生信息的主体通过互联网进行交流、传递、存储等活动的信息即为个人网络信息。郑宏莉教授认为，个人网络信息、资源是指在统一的网络环境下有选择性地获取个人感兴趣的、满足个人学习生活需要的各种类型信息资源的总和。这个定义基本将个人在网络上的所有活动都涵盖其中，内容丰富，有利于概括问题、分析问题、解决问题，不容易造成遗漏。

### （三）信息安全和网络信息安全

信息安全与网络信息安全虽然仅两字之差，但内涵完全不同，二者虽为包含与被包含的关系，但不能单纯以信息安全的定义对网络信息安全进行解释。网络信息安全是指网络系统硬件、软件及其系统中数据的安全，网络安全包括静态安全和动态安全两类。静态安全是指信息在没有传输和处理的状态下信息内容的秘密性、完整性和真实性；动态安全是指信息在传输过程中不被篡改、窃取、遗失和破坏。

## 二、个人网络信息的特点和类型

### （一）个人网络信息的特点

网络活动与日常活动不同，其接触的范围更广，能够超越时间、空间和地理的限制，因此其留下的信息具有以下特点。

自动性。任何网络活动一旦发生就会产生信息、留下痕迹，这些痕迹是网络后台自动写入的，而非出于主体的主观意愿留下的，IP地址、登录时间、登出时间等都具有这种特性。

多样性。网络世界包罗万象，内容丰富，不受时间空间的限制，涉及领域广，个人可以通过互联网找寻自己想要的信息，并根据喜好选择自己喜欢阅览的内容。

隐蔽性。个人网络活动具有一定的隐蔽性，空间相对较为隐蔽，对象相对较为单纯。个人网络信息的写入工具是计算机或手机等具有上网功能的载体，而并非面对面交流，他人并不能随意获取写入方的性别、样貌、声音等主观信息，其隐蔽性显而易见。

预见性。互联网不仅反应灵敏，传播速度快，还可以记录用户的活动痕迹，对个人的偏好有储存功能，以便于用户之后的查找使用，具有一定的预见性。

### （二）个人网络信息的类型

个人网络信息的类型多种多样，但并非都是根据同一标准进行界定的。按照内容类型，可分为专业知识、公共知识、兴趣、内容、娱乐、新闻资讯等；按照网络应用方式，可分为电子邮件、网络储存器（网盘等）、数字图书馆等；按照媒体存在形式，可分为图片信息、flash媒体信息、音视频信息和文本信息等。除此之外，还有按照其他标准进行的分类，但无论哪一种，都不能够包含个人网络信息的全部内容，为更加全面的分析个人网络信息的类型，个人网络信息可以分为以下六种类型。

一是资料信息。即个人基于某种网络活动主动留下的个人资料，如注册信息、留填信息等，包括昵称、用户名、性别、头像、联系方式、电子邮箱等在内的个人基本信息，有时甚至还会包括婚姻状况、行业职业、单位地址等相对隐私的信息。

二是秘密信息。即个人设定的不想为他人所知的信息，如账号、密码、密档、隐藏文件、通信录信息、个人视频、照片等。

三是通联信息。通过社交软件、论坛、网站等平台与对方进行互动时留下的信息，包括邮件、聊天记录、评论等。

四是社会关系信息。主要包括家庭成员、工作单位、好友关系、日常联系人等资料。

五是网络行为信息。主要是指个人网上行为记录，如访问网站、网上聊天、网上购物、网络游戏等。

六是设备信息。这类信息与以上五类信息不同，是个人无法设定的信息，主要是指网络使用者所使用的各种计算机终端设备（包括移动终端和固定终端）的基本信息，如位置、Wi-Fi 列表、SD 卡、内存资料、Mac 地址等。

## 三、个人网络信息安全面临的主要威胁

随着互联网应用的普及和人们对网络依赖程度的加深，互联网的安全问题日益凸显。欺诈、恶意程序和各类"钓鱼"行为继续保持高速增长。同时，大规模的个人信息泄露事件频发与各类网络攻击大幅增长相伴，使得网民的个人信息泄露与财产损失不断增加。

### （一）垃圾邮件

垃圾邮件，即电子邮箱中收到的非个人订阅的广告、推销、宣传信息、木马等邮件。除木马邮件外，其他的邮件信息不会直接给个人带来利益损失。木马邮件是黑客利用计算机网络技术，通过邮件的方式给使用者的计算机发送的病毒信息。通过这种手段，黑客不仅可以盗取数据、对使用者的操作内容了如指掌，还能够对使用者进行远程监控，甚至还可以通过使用者的计算机摄像头监控其日常生活。

### （二）垃圾信息

随着科技的进步、信息技术的飞速发展，手机的使用率大幅提高，而与之相适应的应用软件数量也不断增长。不法分子看中这一市场，导致垃圾信息发送的频率和范围随之加大。一些不法分子利用伪基站，每 10 分钟就可以向基站覆盖区域内的手机用户发送 1.5 万条垃圾短信。手机恶意 App 则更甚，从后台直接向用户发送垃圾信息。垃圾信息的发送用时短，不费力，只需设定程序即可。垃圾短信的形式有文字和文字 + 网址链接两种，其内容五花八门，有广告、"生活贴士"以及冒充银行、公安机关、销售商等发送的诈骗信息，有的诈骗信息中带有网址链接，用户一旦点击进入，手机话费或与手机绑定的银行账户信息就会落入犯罪分子手中，给个人造成直接经济损失。除短信外，应用程序垃圾信息也占领了大部分网络终端。不法分子通过网络应用程序、手机 App 等向用户发送广告、推销、诈骗等信息，其形式种类繁多，并不像手机短信那样单一，有文字、图片、视频、二维码等。

### （三）账号盗取

账号盗取指网络账号、银行账户等与个人信息、个人财产有关联的账号信息被攻击、盗取、复制、盗刷等情况。在百度上对"盗号"进行搜索，可以找到约 157000 条信息，其中一部分是被盗号的信息，另外一部分则是教授如何盗取他人账号的方法。

### （四）身份盗用

盗用者利用应用软件中的存储信息，如好友列表、存留邮件等，冒充用户向其朋友或公众发布不实言论，以达到损毁个人名誉或欺诈等目的。约 50% 的网民都遇到过自己使用的微博、QQ、微信等应用软件被盗用的情况。

### （五）病毒入侵

网络病毒发展迅速，使人防不胜防。公安部《第九次全国信息网络安全状况与计算机病毒疫情调查报告》显示，在已经发生的网络信息安全事件中，70.5% 以上是由感染计算机病毒、木马程序和蠕虫所引起的。当前，计算机病毒本土化趋势加剧，变种速度更快、变化更多，潜伏性和隐蔽性增强，识别更难，预防病毒软件的对抗能力强，攻击目标明确，趋利目的明显。

### （六）黑客威胁

黑客是活跃在网络中的一种掌握较高计算机技术的人，他们计算机技能和网络知识十分丰富，善于发现和利用系统安全漏洞或程序"后门"，在未经用户允许的情况下，潜入计算机或网络，植入木马、窃取用户信息、篡改用户数据等，不仅扰乱了正常的网络秩序，还对用户造成了严重的安全威胁。据美国《金融时报》报道，目前全球每 20 秒就发生一次网络计算机入侵事件，超过 1/3 的网络防火墙被攻破，而我国面临的形势则更为严峻。

### （七）窃密软件

大量的应用软件通过后台偷偷读取用户的个人通信录、短信、记事本、所在位置以及各类操作等信息，进行保存并"秘密"兜售。央视就曾报道"高德地图"窃取用户账号、密码等数据资料的新闻。可见，窃密软件尤其是智能手机中的窃密软件已经成为个人网络信息泄露的重要威胁之一。

# 四、个人网络信息泄露的渠道和危害

## （一）个人网络信息泄露的渠道

常见的个人信息泄露渠道主要有以下几种。

一是钓鱼网站，通常指不法分子利用技术手段，通过仿冒真实网站的 URL 地址和网页内容等方式，或利用真实网站服务器上的漏洞在网站的某些网页中插入危险的 HTML 码，伪装成银行或网购平台，以骗取用户账户资料等个人信息的网站。

二是危险 Wi-Fi，也称 Wi-Fi 钓鱼热点，是重要的信息泄露源之一。除因用户 Wi-Fi 密码设置简单遭黑客入侵外，不法分子还专门利用"公共 Wi-Fi"吸引用户连接、从而获取联网者的个人信息。Wi-Fi 攻击设备价格低廉，且教程简单易学，只需在数据传输过程中设置一道阀门，就可以对用户在使用 Wi-Fi 时传输的数据进行记录和分析，这使得个人网络信息能够轻易被获取。需要说明的是，家用 Wi-Fi 和公共 Wi-Fi 同样都能够遭受攻击。

三是植入病毒，不法分子通过发送电子邮件、诈骗短信、钓鱼网站、手机应用 App 等手段在用户的计算机和手机中植入病毒，以套取个人信息。用户打开带有病毒的邮件、登录钓鱼网站或短信中的网站链接、使用危险 App 时，病毒都能够轻而易举植入操作终端。

四是社交软件，社交软件一般存有大量个人信息，包括用户名、账号、密码、个人图片、联系人、联系方式、私密文件等等，若该社交软件的网络服务商采取的保护措施不够强，被黑客发现漏洞而进行攻击，或者网络服务商将掌握信息进行倒卖，那么个人信息将毫无安全可言。

五是网络交易，随着电子商务的迅速发展、人们购物方式的逐渐改变，网购平台越来越多，通过网络进行交易已经成为人们购物方式中必不可少的一部分。然而，网络交易存在一定风险，除钓鱼网站可以虚拟真实网站骗取信息外，购物网站本身也存在隐患。首先是网站本身的防范力度不强，如果遭受黑客攻击，个人信息无法被有效保护；其次是网站监管力度不强，入驻网站的商家鱼龙混杂，个别素质不高的商家倒卖个人信息、骗取用户财产的现象时有发生。

六是电磁辐射。计算机设备和网络设备在工作时会产生电磁波，这些电磁波含有计算机运行时的相关信息，如果不法分子利用相应的接收设备接收电磁波，就可能获得秘密信息，使得信息泄露。

七是网络连接。网络传输路线是由微波线路和载波线路组成的，计算机连接互联网后会使得分支节点增加，而网络是存在漏洞的，不法分子利用这些漏洞进行攻击，从而使得信息泄露。

## （二）个人网络信息安全遭受威胁的危害

1. 个人利益受损

财产遭受损失。个人网络信息被泄露后，不法分子利用窃取的信息侵入个人账户、冒用身份对他人实施诈骗，使人民财产遭受损失。据《中国网民权益保护调查报告（2017）》显示：2017年，我国网民因个人网络信息遭到泄露、垃圾信息、诈骗信息等现象导致总体损失约805亿元，有4500万网民的损失在1000元以上。

破坏生活安宁。个人信息被泄露后，人们生活将遭受极大影响，垃圾邮件铺天盖地、骚扰电话接二连三、诈骗短信源源不断、账户存款不翼而飞、个人名誉无端受损等一系列"事件"充斥在人们的生活中，使人们不堪其扰。

人身安全受到威胁。因个人信息泄露致使人身安全受到伤害的案例比比皆是。成都一位母亲因儿子获奖，为"晒幸福"在微博中发布了一张带有儿子小磊（化名）学校班级信息的照片，不料该信息被一居住在附近的游手好闲男子看到，将小磊绑架。沈阳一23岁女孩因微信中"附近的人"功能泄露了自己的位置信息，遭歹徒尾随并杀害。

人格权受到侵害。个人网络信息的搜集、使用和处理直接关系到信息主体的人格权和人格尊严。在"人肉搜索第一案"中，姜岩因丈夫王菲出轨心灰意冷，遂在自杀前两个月在微博中写下"自杀日记"，并配有丈夫及其"小三"的照片。姜岩死后该日记被其姐姐曝光，致使王菲被网友"人肉搜索"。王菲的个人信息，包括家庭住址、单位地址等都被网友"搜索"并曝光，网友不仅在网络中对该事件"添油加醋"，还对王菲进行人身攻击，甚至在现实生活中，也不断对王菲及其父母进行谩骂和骚扰。在此案中，王菲及其父母的人格权就受到了严重侵害。

2. 商业利益受损

商业资金受损。目前，互联网已经成为商业运营中不可或缺的工具，邮件、报表、文件、资料等很多数据都需要利用互联网进行传输，而企业员工情况、邮件内容、工资薪金、文件等数据信息都属于商业机密的范畴，一旦泄露会给企业造成巨大损失。例如，4名海尔前员工为跳槽获取高薪，违反与公司的保密协议，通过邮件形式，向同行业某公司非法透露海尔洗衣机生产、采购环节重要商业数据，造成海尔集团直接经济损失达3000万元。

2016年1月8日，美国最大的有线电视公司时代华纳旗下约有数万用户的邮件和密码等信息被黑客窃取，使时代华纳蒙受巨大损失。用户信息泄露不仅会有损企业形象，更能直接影响企业的商业利益。

破坏商业道德秩序。在利益的驱动下，一些公司为打击商业对手，专门网罗"专业技术人员"，向竞争对手进行网络攻关，窃取对方商业机密和高层决策信息，侵入对方网站进行网络攻击，损害对方利益和信誉，以打压竞争对手，严重破坏了商业道德秩序。

阻碍电子商务发展。随着网络攻击等不正当竞争手段被不断使用，再加上我国法律在某些方面的不健全，对不法行为不具有完全强制约束力，致使网络攻击不断增加，不正当竞争手段层出不穷，导致电子商务的信誉下降。与此同时，网络使用者以及企业客户恐慌心理频发，导致用户对电子商务毫无安全感可言。这不仅无法保护合法电子商务企业的正常利益，还进一步阻碍了电子商务的健康发展。

3. 威胁国家安全

违法犯罪事件增加。随着互联网应用的普及和智能手机的发展，我国网民数量不断增长，犯罪分子看中这一"肥肉"，利用网络个人信息进行诈骗、盗窃、拐卖和非法交易等，致使近年来网络违法案件数量不断上升。仅以江苏为例，2016年上半年，全省抓获的电信网络诈骗犯罪嫌疑人数量同比上升了30.2%。

政府首脑、军界高层等关键人物的个人信息若遭泄露将直接影响到一个地区、一支军队甚至一个国家的利益。

# 第二节 个人互联网信息安全管理存在的问题及原因

我国较发达国家互联网的应用和普及时间较晚，但推广和普及速度远超一些发达国家。智能手机出现后，我国互联网使用用户成倍增长，在这种情况下，目前的个人网络信息管理机制和法律法规已经远远不能满足有关部门对个人互联网信息安全管理的需要了，如何有效地管理网络信息成为迫切需要解决的问题。目前我国还没有针对个人网络信息出台专门的法律，对个人信息泄露后的处理渠道仍然比较单一，对网民个人的保护措施与救济制度的建设还未成形，这与我国互联网的发展程度极为不适应。因此，研究个人网络信息的保护无论是对我国的行政机关还是行业机构来说都具有重要意义。

## 一、我国个人网络信息管理存在的问题

### （一）未形成有效地管理机制

第一，多头管理、责任不清。我国的监管模式属于分散式管理。1994年我国接入互联网后，按照"法律规范、行政监管、技术保障、行业自律"的基本原则，建立了各个部门分工负责、齐抓共管的行政管理体制，明确了多个政府主管部门作为监管主体要对网络信息服务进行监督管理。在相当长的一段时期内，我国互联网安全监管机构有国务院新闻办、公安部、国家安全部、国家保密局、文化部、教育部等多个部门。2014年2月27日，我国又成立了中央网络安全和信息化领导小组。但这些部门看似各司其职，实则职能交叉，职责不清。

综上可以看出，我国对于互联网的管理十分分散，没有一个统一的机构总揽全局。而网络信息服务管理的实践表明，中国网络信息服务先行行政管理体制以及与此对应的多头监管主体格局弊端是显而易见的。跳出分散式的监管方式，从被监管主体来看，被监管的大都是自然人、法人和其他组织等民事主体，针对这些民事主体国家行政机关、事业单位等公共部门的管理制度模糊不清且无强制性。假如公民的个人信息由于公共部门操作、管理人员的错失而导致泄露，可以按照自然人的管理办法进行相应处理，但倘若操作、管理人员并无泄露，而是由于技术漏洞或政策疏漏而导致信息被窃盗，但是由哪一个部门来对这些机关和行为进行监管我国相关的法律法规并没有对此进行明确规定。显然，由于法律的不健全，监管机制的缺失，必然会使得公共部门难以受问责和刑罚。

救济制度不完善。实际上，我国并没有专门的救济制度，一些救济方法还不够完善，而且一些相应的处罚措施虽在法律法规条文中有所体现，但较为零散，不成体系。如《刑法》修正案中，对于个人网络信息的主体和侵犯个人网络信息的客体没有清晰的界定，针对行政机关等公共部门侵犯个人网络信息的问题也没有指出，更不用说如何保障处在弱势地位的民众的合法权益了。而且，我国对个人信息的救济方式还是零散模式，并没有形成有体系的制度，使"重刑罚、轻民事确权和规则"的缺点显露无遗，导致个人信息受到侵害后，虽然侵权行为最终会得到刑事处罚，但受害人的经济性或非经济性损失却得不到任何实质性补偿。

## （二）法律法规不健全

第一，法律存在空白。1997年的《刑法》首次囊括了"计算机犯罪"；1998年的《合同法》，规范了网络电子合同的内容；1999年的《预防未成年人犯罪法》，规定了"任何单位和个人不得利用通信、计算机网络等方式"提供危害未成年人身心健康的内容与信息；2009年的《侵权责任法》认定了"人肉搜索"侵犯个人信息权的责任，2010年实施的《保密法》规定了需要保守国家机密的具体内容。

具有突破性的是2012年底全国人大常委会的《关于加强网络信息保护的决定》（以下简称《决定》），其涵盖内容较广泛，不仅对个人电子信息进行了明确，还规定了具体的监管机构，补充了我国前期不完善的救济制度和惩罚机制。该《决定》的出台是我国在规范管理个人信息中的一大进步，但该《决定》在使用上也体现出了相对局限性，如其并未就不同责任主体之间如何承担相应责任进行明文规定，救济制度和处罚机制仍存在一定缺陷等。

第二，行政法规不够完善。国务院颁布的与此相关的行政法规主要有《中华人民共和国信息系统安全保护条例》《中华人民共和国计算机信息网络国际联网管理暂行规定》《中华人民共和国电信条例》《互联网信息服务管理办法》等。

行政部门颁布的法规主要有信息产业部2000年通过的《互联网电子公告服务管理规定》和2005年通过的《互联网电子邮件服务管理办法》、中国人民银行通过的《个人信用信息基础数据库管理暂行办法》、国家工商行政管理总局2010年发布的《网络商品交易及有关服务行为管理暂行办法》、公安部2011年修订的《计算机信息网络国际联网安全保护管理办法》、2013年工业和信息化部发布的《电信和互联网用户个人信息保护规定》等。

我国个人信息保护进程中最重要的转折点，是个人信息保护国家标准——《信息安全技术公共及商用服务信息系统个人信息保护指南》的出台，该标准于2013年2月1日出台实施，是我国的首个"个人信息保护国家标准"。该标准最显著的特点有三，一是信息主体必须对个人信息拥有知情、决定和删除等权力；二是在个人信息主体明确授权前，不得对个人信息进行搜集或使用；三是对个人信息进行分类管理。

《信息安全技术公共及商用服务信息系统个人信息保护指南》的出台，使我国正式进入了有标可依的阶段。然而，其效果并不明显，大部分企业和行政机关还没有使用该标准。在目前的机制和法律框架下，掌握个人网络信息的公共部门和企业对该标准的真正应用还需要一段时间。

第三，地方性法规作用不明显。我国目前的地方性法规有 2003 年修订的《北京市未成年人保护条例》、2003 年上海市通过的《上海市个人信用征信管理试行办法》、2008 年的《陕西省计算机信息系统安全保护条例》、2009 年的《徐州市计算机信息系统安全保护条例》等，然而通过市民知悉度调查，很少有民众知晓并了解以上保护条例，这些地方性法规发挥的作用有多大有待进一步实践考察。

不难看出，我国从 20 世纪末期开始在法律法规方面对保护网络信息安全做出了巨大的努力，在法律不适用于当时的社会时能够及时修订，加以完善。但从另外一个角度看，诸多法律法规针对的主体是"网络信息安全"，范围相对较宽，没有突出"个人"的要素，也没有一部法律将"个人互联网信息权"作为与人身自由权、肖像权等相同的法律地位来看的。

由此可见，我国的法律法规在保护个人网络信息方面有着自身的不足，就法律体系而言，多而杂，缺少全局性的统一法律，大部分法律对"个人网络信息"的解释说明都是蜻蜓点水。就法律的适用范围而言，保护个人信息的法律条款适用范围相对较窄，没有一个个人信息保护法来进行统一规制；就法律的保护形式而言，我国多采取间接的保护方式，没有直接的保护措施。

### （三）自律机制仍处于初级阶段

我国的自律机制并未形成体系，目前主要有两种存在形式，一是行业自律，二是个体自律。但这两种形式仍然存在两个主要问题。

第一，行业自律制度不健全。从机构来看，中国互联网协会是我国互联网行业自主成立的最大的自律机构，它是由 70 多家互联网企业共同发起成立的，目前共有 19 个二级机构，700 多位会员。然而 700 余位会员中，除去政府机关、国家企事业单位、大学机构以及目前国内的网络巨头外，中小型网络公司数量不多，在整个互联网行业中不具有全局性地代表意义。另外，其设立的业务范围中，与用户个人相关的仅有两条。第一条，编写并实施互联网行业自律规范和公约，协调会员关系，调解会员纠纷，促进会员间的沟通与协作，发挥行业自律作用，维护国家网络与信息安全、行业整体利益和用户权益；第二条，开展网络文化活动，引导网民文明上网，根据授权受理网上不良信息及不良行为的投诉和举报，协助相关部门开展不良信息处置工作，净化网络环境。在第二条中，受理网上不良信息及不良行为是"受约束的"，是要"根据授权"，但根据谁的授权并不明确，其中没有明确指出授权单位是国家机关，企业单位，还是互联网协会。另外，中国互联网协会自成立以来，发挥的作用对广大网民来讲可有可无，各家会员依然按照老路子发展，未入会的网络商也并不受约束，其究竟能否影响整个互联网行业还需要一段时间的努力，但就目前来看效果并不显著。

中国互联网协会成立后，专门设立了有关互联网行业自律的工作委员会。工作委员会根据互联网行业发展情况，制定并发布了《中国互联网行业自律公约》《博客服务自律公约》和《文明上网自律公约》等一些自律公约。此外，各省也建立了省级互联网协会，然而省级网络协会也难以将本地的各类涉网单位统一纳入管理。另外，目前我国的行业自律机构还仅限于网络技术公司，但涉及互联网行业的其他领域则并不都有其自律机构，如网购行业、教育行业、通信行业、医疗行业等都还没有专门的自律机构来约束其自身的网络服务行为。

总体来讲，我国的行业自律还处于起步阶段，据美国行业自律的发展程度相差甚远。这就需要国家加强对行业部门的支持和指导，进一步促进我国自律模式的发展。

第二，个体自律不具有强制性。个体自律是指一些企业个体为了增强行为相对人的信息，进而促进相关行业通过收集、处理利用、传递个人信息而获得更大的发展，单方面做出了保护个人信息的承诺或编写了保护个人信息的内部行为规范。通过其内涵可看出，个体自律行为在我国并不少见，目前国内一些发展较突出的网络服务商一般都会有个体自律的内容，如搜索引擎百度，购物网站京东、淘宝，网络媒体网易、新浪等。在用户注册、登陆以上网站或留下个人信息时都会弹出一份"隐私协议"或"个人信息保护政策"，协议中对个人信息的收集、管理、保护、访问甚至对未成年人个人信息的特别保护都做出了说明。然而，这些说明并不详尽，在提到法律时一般都使用"有关法律法规"进行概括，在采取保护措施时使用"适当的方式""合理的措施"等模糊字眼。

《新浪网络服务协议》仅第十二项条款涉及法律相关内容，即"本协议的订立、执行和解释及争议的解决均应适用中国法律并受中国法院管辖"。作为用户，只能选择接受或不接受，而不接受这项条款，则无法获得网络服务，想要获得网络服务则必须接受该条款。更重要的是，网络服务商单方面的规定没有强制执行力，无法真正对用户个人的网络信息进行有效的保护，用户在使用网络服务时信息一旦泄露，网络服务商会第一时间搬出"免责条款"。《百度隐私权保护声明》第一项条款就声称："互联网上不排除因黑客行为或用户的保管疏忽导致账号、密码遭他人非法使用，此类情况与百度无关"。而即便是这样发挥作用不大的"隐私保护条例"，在我国公共部门的网站中也难以见到，这是由于政府机关长期以来形成了"监管而非服务"的思维模式。作为个体用户，在这些网站留下信息后只能"任凭处置"，一旦信息真正泄露，想要维权将难上加难。

## 二、个人网络信息安全管理存在问题的原因

### （一）防范技术措施欠缺

当前，在互联网普及程度较高，电子化政务全面应用的阶段，一些人在利益的驱使下，不断开发各类计算机病毒。新型木马程序的植入、黑客的入侵以及网络钓鱼的层出不穷都给信息安全带来一定威胁。此外，计算机系统本身的漏洞和"后门"也是威胁个人网络信息安全的重要原因。有调查显示，我国有67%左右的信息产品与技术是从国外进口的，硬件设施或操作系统可能存在安全陷阱。在应对以上种种问题时，管理系统的不齐全、防范措施的不健全、信息技术的欠缺等都会增加网络中个人信息泄露的风险。

### （二）缺乏安全意识

调查发现，90%以上的网络信息泄露事件是由于人为过失造成的。目前，企事业单位不断推行网络办公一体化，从上到下建立起了数据采集系统、网上办公系统等，对网络的需求越来越大，但是相比较网络的建设投入，网络安全维护的投入远远不够。这充分说明了我国在网络安全方面的防患意识非常薄弱，不仅没有清醒地认识到网络信息安全的重要性，也没有形成主动防范、积极应对的意识，更不用说学习保护网络信息安全的知识。

### （三）缺乏统一明确的指导方针

近年来，我国在不断提升国家战略性信息安全等级的同时越来越重视公民的个人网络信息安全，不仅出台了以《全国人民代表大会常务委员会关于加强网络信息保护的决定》为代表的法律法规，还制定了一系列的政策机制管理个人网络信息安全，但由于缺乏明确的指导方针和清晰的思路，导致在立法时出现重复立法、立法空白的局面，如针对青少年儿童的个人网络信息保护就没有专门的立法，而关于盗窃网络信息却在多部法律中提及。另外，由于缺乏统一的指导思想，地方政府在建立当地管理机制体制时，没有统一的标准和参考，甚至还没有一部有关于网络信息安全的基本法，各地必然以当地的互联网发展现状和隐患为依据制定措施，这就会导致各地规制的不一

致性。互联网早就打破了国界的限制、地域的差别，而制度发展的不平衡将是管理个人网络信息安全的重要障碍之一。

### （四）立法主体多且缺乏权威性

关于网络信息管理的立法，我国目前拥有包括法律、行政规章、司法解释、地方性法规和部门规章等在内的百余件，立法主体有国务院、全国人大常委会、保密局、工业和信息化部、最高人民法院、新闻出版总署、各级地方政府等，但由国务院和全国人大常委会出台的法律法规少之又少，由其他立法主体出台的规章制度占80%以上，这种多部门同时立法现象导致了法律内容重复拖沓、覆盖面窄、措施手段弱等问题，更重要的是导致了不同阶位立法之间冲突。

### （五）监管制度的缺陷导致效能低下

首先，多个部门参与网络信息的监管，导致政出多门，职责交叉不清，管理分散。互联网是一个由用户和网络组成，涉及生活各个方面，功能多样的高度重合的复杂系统，不可将其单纯的割裂开来进行管理。多个部门之间因管理权限而争议不断，形成"有利争管，无利不管"的常态化现象。

其次，分工不断，监管空白不断。一是由于政策制定调整的速度跟不上信息发展的速度。二是由于各部门都根据自己的理解描述本部门的职责归属，人为造成监管空白。三是不科学的分工导致监管不到位。我国政策、法律法规等规制的制定主要是国务院法制办，监管权力主要集中在电信管理部门，而影响国家安全、社会稳定和意识形态的网络信息则由公安机关、安全机关等部门管理。公安、安全机关不能对网络信息进行审核，而电信部门虽有审核权却又无法掌握涉网有害信息，明确网络信息安全漏洞的部门又无法参与法律法规的制定，导致"法律法规不健全，监管有空白，责任无人担"的局面。

最后，以协调为主的工作机制无法适应目前互联网管理的需要。一是部门之间的协调，易发生程序烦琐、推卸责任、效率低下的情况。二是地区之间协调，易出现漏洞、真空和管理死角。

### （六）缺乏民众的参与

在历史的发展进程中，长期受"政府负责管理、老百姓负责执行"的思维禁锢模式的影响，政府多年来专注于由行政机关进行管理的理念和体制，忽略了群众的力量。网络信息的安全与每一位网络使用者息息相关，应当更多让公众参与其中，主动管理自己的网络信息，从源头断绝泄露的危险。目前，我国大部分网民还未形成保护个人网络信息的习惯，这方面的安全意识也相对较低，有的网民为图方便，在密码设置时使用连续数字，或者在互联网上随意留写真实信息，因此很容易上当受骗。现阶段，我国还没有一个平台能够让公民或互联网行业组织直接参与立法听证或立法建议，大量的政策、制度还没有经过科学论证就公布执行，这是导致管理法制缺乏可操作性和效能低下的重要原因之一。

### （七）道德素质低下

相对道德主义的普遍、无政府主义的盛行、不同道德观念的冲突，道德素质低下与冷漠主义的加剧，是网络环境中道德失败的主要原因，同时也是网络监管中的一大难题。网络攻击层出不穷、网络诈骗不断增加、信息贩卖车载斗量，使得个人网络信息遭受严重威胁。传统伦理道德因网络导致约束力降低，加之法律的滞后，使得道德冲突现象不断发生。而我国目前对网民的道德约束非常之少，且没有网络道德标准，道德价值观也没有形成，以致网络使用者的自律能力十分之弱。

## 第三节　国外个人互联网信息安全管理的经验与启示

目前，国际上已经有50多个国家和地区制定了个人网络信息的相关标准和法律，对于收集、处理、传播个人网络信息的行为进行了规范。然而，个人网络信息处于复杂、多变的环境中，呈现出多样性存在、多样性变化的特点。如何保障个人信息的安全，保证信息主体的个人权益，目前国际上并没有统一的模式，并且由于各个国家的国情、社会发展程度和互联网发展程度不同，统一的标准和模式并不一定适合本国本地区。对于个人网络信息的保护，现阶段国际上主要有三种管理模式，一是以欧盟为代表的立法管理模式；二是以美国为代表的行业自律管理模式；三是以日本为代表的立法与自律相结合的综合管理模式。有些学者认为有两种模式，如重庆大学齐爱民教授认为"世界范围内就个人信息保护的立法主要表现为统一立法模式和分散立法模式两种，又被称为德国模式和美国模式"。无论哪种模式，对我国来说都有一定的借鉴意义。

## 一、战略上高度重视

网络信息安全已经成为世界各国的重大战略之一，美国、俄罗斯、日本、德国等国家不断建立和完善本国的网络信息安全体制，加强本国网络信息的基础建设和保障工作。各国不仅将网络信息安全放入国家战略层面进行规划，而且对个人网络信息安全的管理也没有因此松懈或置之不理。俄罗斯专门将"精神生活领域"作为信息安全的一部分进行立法保障；美国专门针对家庭用户制订了战略实施计划（以预防网络攻击和消减用户自身保护脆弱性为主）。

## 二、模式上选择合理

欧盟各国都将人格权置于至高无上的地位，他们认为人格权是法律赋予人的最基本最重要的权利之一，而个人信息就是人格权利的一部分，必须采取立法的手段进行管理和保护。因此，欧盟各国选择了立法模式对个人网络信息进行管理。而美国则与欧盟不同，美国的"三权分立"体制使得政府权力必须接受司法审查，而其宪法不允许政府制定限制言论自由的法律法规，于是美国积极探索，最终选择了行业自律的模式对网络信息的传播进行规范和约束。其他国家及地区较之欧盟和美国来说，在对互联网管理方面起步相对较晚，不需要摸着石头过河，有前例可循，基本都依照立法模式和自律模式的管理方法来编写本国措施。但世界各国在借鉴欧美经验时，并没有奉行"拿来主义"，而是充分考虑到了本国国情和互联网的发展历程和现状。

## 三、措施上积极有效

一是形成了有效的管理体制。针对网络信息安全，英国成立了网络安全运营中心，专门负责网络空间安全计划、风险评估、协调行动等；法国成立了网络与信息安全局，负责对政府敏感网络进行全天候监视，为政府和网络运营商提供对信息安全威胁的建议，帮助政府开发可信IT产品和服务。日本设立了专门的机构——信息公开与个人信息保护审查会，这是保护个人信息权利不受非法侵害的专门机构，也体现了日本对于个人信息泄露的救济制度。

二是制定了有效的法律法规。早在1980年，欧盟就通过了《保护自动化处理个人数据公约》，并于1995年10月又颁布了《个人数据保护指令》。

20世纪以来，欧盟累计出台了数十部法律规章，以规范个人网络信息的使用和处理。在法律出台的过程中，欧盟各国也在积极出台本国的个人信息保护规范。1997年，德国通过了《联邦信息与电信服务架构性条件建构规制法》，简称《多媒体法》，成为世界上第一个对网络的应用与行为规范提出单一法律构架的国家。美国立法模式与欧盟的立法模式有着根本的不同，其采用分散立法的方式，涉及面宏观而广泛，细致而全面，囊括了行业规则、电话通信规则、数据保护规则、消费者保护规则、版权保护规则、反欺诈和误传法规等方面。自20世纪70年代起，美国先后颁布了《隐私权法》《联邦电子通信隐私权法案》《全球电子商务发展框架》《互联网保护个人隐私政策》《儿童在线隐私保护法案》等一系列法律规范，以强化网络安全的管理与监督。到2003年，美国基本构建了联邦政府网络安全法案的完善体系。值得说明的一点是，美国一直将隐私权作为人权的一部分，将其放在十分重要的位置，在任何法律及实际操作过程中都十分注重"保护隐私"，政府也无权干涉"个人隐私"。然而，2001年美国通过了《爱国者法》和《国土安全法》，这两部法律规定公众通过互联网存储、发送的信息（包括私人信息）在必要情况下都可以受到监视。

三是形成了完善的自律体系。自律体系较为完善的国家是美国。以美国为例，其采用以下方式对行业进行管理。第一，建议性的行业指引，一般是指企业、行业或产业实体编写的该行业的行为指引或隐私标准，以保护行业内部的隐私为目的，这些行业组织有在线联盟、互动服务协会等。但这些行业规范和指引并不具备强制性的执行效力。第二，网络隐私认证模式，即行业实体为实现网络隐私保护，在网络平台张贴由权威行业协会颁发的隐私认证专门标志，而有标志的网络平台必须服从行业内部的监督管理，否则网民会对其产生怀疑，不认可其服务，以致其面临困境，以此倒逼网络服务商遵守各项规则。

四是形成全民防范意识。全民防范个人信息泄露的典型代表国家是日本。日本十分注重对公民的教育，不仅在立法方面做出了严格的规定（信息泄露者获重刑），还在工作、生活领域加强对保护个人信息意识的培养。随着互联网的发展壮大，日本反应迅速与时俱进，制定了一系列政策法规，这得益于日本民众法律观念强的特点，全民形成了防范个人网络信息泄露的安全意识。

# 第四节　完善个人互联网信息安全管理的建议和对策

我国在个人互联网管理方面体制机制不够健全，法律制度有所欠缺，完善机制、加强立法迫在眉睫。然而，网络是人类社会的产物，社会关系十分复杂，这就导致了网络形式纷繁多样，仅仅在机制、立法上下功夫达不到有效保护个人网络信息的目的，仍需要行业自律制度来弥补法律的缺陷。此外，作为个人网络信息产出者的公众自身也要提高自我保护意识，只有这样才能从源头断绝网络信息的非法搜集和处理。

## 一、进一步完善管理机制

### （一）建立统一监管机制

我国并非没有独立的机构负责互联网信息工作，工业和信息化部就是最重要的机构，然而在目前的监管体制下，工业和信息化部还不能跨部门进行监管。因此，集中权力、统一监管的模式势在必行。可以将涉及网络信息安全的所有监管责任和权力集中到工业和信息化部，由工业和信息化部统一调配处理。涉及行政、教育、新闻出版、电信、商业等部门的网络安全问题，工业和信息化部可以直接进行管理和监督，形成"树式"管理模式，即"一干多枝"。工业和信息化部应当下设监督举报受理部门，自觉接受互联网行业和民众的监督。

### （二）建立登记报告和举报制度

一是实行网络实名制。网络实名制的推行不仅要考虑到互联网的发展现状，还要全面考虑到移动设备的发展现状。首先，要对互联网接入方进行实名登记，包括用户个人、企业、公司和政府机关等一切使用互联网的单位和个人。使用互联网的单位和个人不仅要在电信部门进行登记，还应向公安机关进行备案。其次，是对移动网卡、手机卡使用者进行实名登记。目前，手机卡实名制我国已经全面展开，但移动网卡市场较混乱，需要进行严格的管理，建立统一的登记制度。再次，要对代理服务器实行实名登记政策。代理服务器是一种重要的服务器安全功能，开放系统互联模型的会话层后，能够起到"防火墙"的作用。代理服务器大多被用来连接国际互联网和局域网。其主要功能有提高网速、共享网络、充当"防火墙"、登陆国外或国内限制网站、隐藏真实 IP 等，大部分黑客和不法分子就是利用其中隐藏 IP 的功能对计算机中留存的个人信息进行攻击和窃取。现阶段，我国互联网用户能够随意从互联网上下载并使用代理服务器，但犯罪分子利用其进行违法犯罪活动时则难以查明其真实身份。若提供代理服务器的公司能够使用户在下载使用前进行实名登记，一是可以震慑不法分子，二是可以避免难以落地查人的局面。最后，要对互联网访问进行实名登记。我国目前实行实名制登记的有金融行业网站（银行证券等）、12306 网站、新浪微博等，网络实名制不仅不会限制人们的网络生活，还能有效避免有害信息的入侵，规范人们的网络行为。

二是建立报告反馈制度。报告反馈制度是指网络使用者的每一次网络行为和痕迹，网络服务商都应当记录并如实反馈给用户本人的规程或行为准则。这样，用户能够第一时间获取信息，以便采取措施切断仿冒身份者的行为。虽然人们所使用的网络平台数不胜数，手机 App 的应用铺天盖地，但各类网络服务商对于每个用户使用的痕迹都会做记录和一定时间的存储，向用户告知这一功能并不难以实现。美国邮箱的一项服务就是在用户登录邮箱时向用户的手机发送登陆信息，以避免被他人入侵。网络服务商增加告知业务也是对个人网络信息进行保护的重要手段之一。

三是完善举报制度。首先，要设立举报机构。在我国国情和互联网管理现状下，网络服务商和机关企事业单位都应当设立专门的举报机构。目前，公安部已经设立了"网络违法犯罪举报网站"，专门受理网民的举报，但缺乏相应的制度和管理规定，应当继续完善举报网站的相关规定，如明确举报方与接收方的权利、责任和义务，建立举报受理流程和期限等。其次，要建立奖惩机制，给予举报者相适应的物质和精神奖励，对于恶意举报者采取严厉的惩罚措施。

## （三）进一步完善防范体系

防范体系包括信息安全预警、风险评估、监督跟踪和应急预案四大机制。

信息安全预警机制是提前布防预警系统，以灵敏、准确地昭示风险前兆的机制，其作用在于超前反馈、未雨绸缪、防风险于未然。

信息安全风险评估是运用科学方法和手段，系统地分析网络与信息系统所面临的威胁及其存在的脆弱性，评估安全事件一旦发生可能造成的危害程度，提出有针对性的防护对策及整改措施，并防范和化解安全风险，或将风险控制在可接受的水平，从而最大限度为保障网络和信息安全提供科学依据。2010 年，我国颁布了《信息安全技术信息安全风险管理指南》，以此为基础，出台专门的个人网络信息风险管理指南势在必行。

监督跟踪机制是由专门机构、监督制度、详细计划、实施措施等构成的体系。其作用是对网络信息进行监督，对不法行为进行跟踪，尽早发现漏洞，为制定补救措施提供必要支撑。

应急预案机制要根据《信息安全技术信息安全应急响应计划规范》来制定，应当包括软硬件备份、资料备份等备份制度以及必要的事故恢复计划等，必须编写一套完整可行的事故救援方案，全方位、多层次的考虑到事故发生后的后果，以便提前做好措施预案。

### （四）形成国际合作机制

网络使得世界人民的通联更加便利，全球化使得"信息无国界，网络无边界"，但由于互联网传播的特殊性，人们在互联网侵权、网络商务违约行为等跨国民商产生纠纷时，都会因打击跨国计算机网络犯罪遇到各种各样的问题。对此，我国应当与各个国家展开不同程度的国际合作，共同打击互联网犯罪，在维护国家信息安全和商业信息安全的同时保护个人网络信息安全。

## 二、强化专门立法

目前，我国在网络信息安全方面没有统一立法，所有的法律法规都是以单行法的形式出现的，这一做法符合我国前一阶段的实际情况，然而随着网络信息技术的飞速发展，尽快出台专门的法律已是大势所趋。现阶段，我国境内在立法方面不仅赶不上西方发达国家，甚至无法与周边国家和地区相比。新加坡在很早就有个人信息保护立法；1996年，香港特别行政区也颁布了《个人资料（隐私）条例》。为与国际接轨，力争使法律与互联网社会发展相适应，我国应当尽快制定专门的法律。另外，还需要具有统一协调能力的高层领导机构从全局角度出发，运用系统工程的理论与方法，把握国家信息立法进程。

目前，我国有关个人网络信息的法律都隐含在各个法律文献中，如《刑法》《全国人民代表大会常务委员会关于维护互联网安全的决定》《电子签名法》《中华人民共和国电信条例》等，这些法律较为分散，还没有形成体系，应当针对个人网络信息制定专门的立法。该法应当包括建立网络信息安全的基本主体制度、行为制度、责任制度等内容，特别要突出个人网络信息安全的重要性。立法前要明确指导思想，科学制定立法规划；在立法内容上，要填补空白领域，完善相关条款；法律规章草案确定后，要广泛征求专业部门、行业协会和民众的意见，避免因法规与社会发展现状不适应而导致的一系列问题，确保立法的可行性。此外，立法还应当遵循以下原则。

第一，权力原则。明确"个人网络信息权"。自然人作为人类社会生活的主体，其人格权中包含了社会赋予其姓名、肖像、名誉、自由、隐私等社会因素。应当将"个人网络信息权"作为基本的"人格权"来对待，并贯穿于整部法律的始终。

第二，全面原则。保护个人网络信息的对象不仅要包括行政机关、事业单位等公共部门，也要包括企业、公司等非公共部门，更要包括自然人。确立行政复议制度，指定专门机构负责，确立程序、提出时限；明确互联网服务商的存储责任、管理责任，应当承担的刑事、民事等法律责任。

第三，限制原则。除法律规定的特殊情况外，不得擅自收集、使用、处理、披露他人的网络信息。确定网络信息收集的主体、内容、方式、目的等。

第四，知情原则。信息主体有权对其发布的信息进行使用、更新和删减，并有权随时了解个人信息的动向。所有针对个人信息的收集、使用和处理等环节都需要经过当事人的同意。任何人未经信息产权所有人的同意不可擅自使用和转载这些信息。

第五，救济原则。对于破坏、窃取个人网络信息安全的责任追究，既要包括刑事责任，也要包括民事责任，明确赔偿标准和范围，使个人网络信息权受到侵害的主体能够获得相应的补偿。

第六，特殊原则。立法中要特别注意指出特殊原则，任何行政机关、网络服务商和黑客等组织或个人不得对公民的个人信息系统进行攻击、破坏，但国家为保护社会公共利益对网络进行监视而触及网络使用者的隐私则依法可免责。

## 三、加强技术体系建设

### （一）加强技术开发和创新

目前，我国对芯片、电子元器件、网络设备、通用协议和标准等安全产品，90%还依赖进口，防火墙、加密机等信息安全产品有65%来自进口。由此可见我国在信息技术方面与发达国家仍有很大差距。当今世界，信息技术发展迅猛，我国互联网行业生机勃勃，但技术的缺乏和落后却使得我国在全球互联网竞争中处于劣势。没有先进的手段保护信息安全，不仅网民无法拥有安全的网络环境，信息产业的发展也会因此受到阻碍。

大力推进互联网信息技术的发展，要积极跟踪掌握先进理论和先进技术，加强防范技术的研发与创新，加大自主研发的比率，促进研究成果的转化。积极鼓励科研机构、高校、军队、企业等在防火墙技术、数据加密技术、生物识别技术（如签名、虹膜、基因、视网膜、声音、指纹掌纹、唇语和手语识别技术等）、身份认证技术、入侵检测技术、VLAN技术、VPN技术、漏洞扫描技术、数据恢复技术等方面进行自主研发，为保障个人网络信息安全奠定坚实基础。

### （二）制定个人网络信息安全标准

我国制定了多部信息安全国家标准，如《信息处理64位块加密算法操作方式》（GB/T 15277—1994）《信息处理系统开放系统互连基本参考模型第2部分安全体系结构》（GB/T 9387.2—1995）（ISO 7498—2：1989）、《信息安全技术服务器安全技术要求》（GB/T 20128—2007）等，但在个人网络信息安全方面却没有一个统一标准。下一阶段，我国应当积极制定个人网络信息安全保护标准，并积极主动参与制定国际公约及标准，一方面可以积极争取我国网络空间利益，另一方面能够使我国标准与国际接轨。

### （三）建立信息安全等级制度

信息安全等级制度是国家信息安全保障工作的基本制度、基本策略和基本方法，同时也是维护个人网络信息安全的重要保障。根据《信息安全技术基于互联网电子政务信息安全实施指南》等国家标准和互联网安全现状，由权威部门、互联网领军企业共同制定适用于整个互联网行业的安全等级制度是十分必要的。

### （四）多途径培养技术人才

一是要加大对技术型人才的投入，在高校、政府、军队、科研机构和信息技术领域培养专业人才；二是吸引人才加入反黑队伍，利用薪金、价值观念和道德规范招揽人才，有些高精尖技术人员之所以成为黑客就是为了实现价值并证明自身能力，如果能够给予其更高的平台，黑客完全有可能转变为"安全卫士"，甚至是反黑专家；三是多渠道招募人才，美国和日本曾通过信息技术大赛或"黑客大比武"等方式招揽信息技术人才，在全国乃至全世界寻找信息安全高手，采取竞赛的方式招募人才不仅能够对人员进行实践考核，还能够节省开支，节约成本。

### （五）引入第三方测评机构

第三方测评机构独立于网络服务商和网络使用者之外，作为中立机构，能够查找信息系统漏洞，发现外来入侵，使个人信息安全在受到威胁时能够第一时间采取措施，固定证据，使网络使用者在合法权益受到侵害时能够获得技术援助，在个人信息发生泄露后能够有效维权。

## 四、开设网络信息安全保险

网络信息安全保险可以作为救济制度的一种补充，是由网络使用者主动提前做好预防的一种防护措施。网络信息安全保险是指为了保证网络化生产经营过程，保险公司对因网络安全而造成的重要资料丢失、知识产权受到侵犯、服务中断和营业收入损失承担赔偿金责任的商业保险行为。这类保险的主要作用有两个，一是事先防范信息安全事故，化解风险，最大限度地避免或减轻损失；二是因网络安全问题导致信息泄露或破坏时投保人能够获得补偿。保险的对象可以是个人，也可以是互联网和信息技术行业、政府部门、科研单位，但对于取证阶段应当设立不同的标准，毕竟个人没有行业或政府那样有庞大的资金支持和先进的技术支撑。

## 五、加强对民众的教育培训和宣传指导

除上文措施外，还应当加强对互联网使用者的教育培训工作和对民众的宣传指导工作。教育培训的对象不仅限于个人，还应当包括政府公务人员和企业管理人员。各个单位要建立适合本单位的培训体系，对每一位互联网使用者在上岗前要进行必要的知识讲解和网络信息安全防范能力的培养。针对从业人员，要加强对其进行职业道德教育；针对青少年儿童，要培养其合法上网的观念和意识；针对单个互联网用户，可以借鉴驾照考试培训的方式，在用户接入宽带前进行强制性的知识培训，待考核通过后才能使用互联网。

另外，要加强对网络信息安全的宣传指导，政府部门要彻底打破只负责监管的思维定式，积极承担起宣传指导的责任。首先，面向社会进行科学详细的调研，在调研数据的基础上有针对性地制定宣传指导方针和政策。其次，通过采取丰富多样的形式使网络信息安全意识深入人心，如在各大网络首页播放宣传视频、音频和图片等；建立专门的网络宣传平台提供专业指导意见；利用电视和媒体进行广泛报道等。最后，建立专门的咨询机构对民众遇到的各类网络信息问题答疑解惑，进行相应指导，并将民众反映问题进行积累和分析，不断充实和完善宣传指导政策。

# 第八章 城市互联网信息安全监管问题

随着互联网和信息技术的迅速发展，各种违法犯罪现象借网络技术层出不穷，违法信息、钓鱼网站等各种网站信息安全问题严重影响了我国互联网的健康发展，信息网络的安全可靠成为保障经济发展、社会稳定和人民生活安宁的重要因素。加强网络社会管理，推进网络依法规范有序运行，维护互联网的正当秩序，提高网站信息安全防范水平成为政府和网络安全管理组织责无旁贷的一项任务。由于我国互联网发展起步较晚，监管体系还不够全面和完善，尽管国家政府部门从人力、物力、技术和法律法规的支持上都加大了投入，但和西方国家的发展步伐相比，我国的网络信息安全监管工作仍存在"心有余而力不足"之感。我国网络信息安全的不足之处主要体现在以下两方面：一是现有的法律法规难以适应当前的信息网络安全发展态势；二是政府职能部门多头监管，力量分散，由于沟通和协调的不足导致难以形成监管合力。

## 第一节 城市互联网信息安全监管概况

在我国，信息网络安全监管工作由公安部十一局（网络安全保卫局）负责，其主要通过运用行政手段，依法监督、检查和指导信息网络安全保护工作，来进行依法查处信息网络领域违法行为，预防信息网络违法犯罪活动，维护网上公共秩序，保障信息网络安全的行政管理活动。我国互联网的起步和发展与美国等西方发达国家相比较晚，网络信息安全监管工作也处于起步阶段，加上相关网络信息安全立法的滞后，使得公安机关网安部门在承担着在互联网上维护国家安全、社会稳定、防范和打击犯罪的重要任务的同时，面临着授权不足、权责不相适应的尴尬局面。以互联网信息服务单位（即网站）的信息安全管理工作为例，公安机关网安部门主要就备案管理、落实安全管理制度、安全保护技术措施、组织计算机安全员开展培训和考核、防治计算机病毒和网络攻击等网络安全事件与信息安全等级保护等方面开展工作。但由于缺乏统一的信息安全工作评估标准，网站的信息安全工作往往变成问题发生后的补救工作，失去了事前防范的工作意义。如何就网站的安全等级、网站开办者身份可信度等网民最为关心的问题出台标准实行统一认证并展示，是公安机关网安部门今后提升网站信息安全监管工作的一个重大课题。

# 一、网络信息安全监管简介

## （一）网络信息安全监管的定义

网络信息安全监管工作是公安机关的一项法定职责，是指公安机关网络安全保卫部门运用行政手段，依法监督、检查和指导信息网络安全工作，维护网上公共秩序，保障信息网络安全，依法查处各类信息网络领域违法犯罪活动的行政管理活动。网络信息安全监管工作还是公安机关网安部门开展网上斗争、维护信息网络秩序、打击涉网违法犯罪活动的重要基础，是维护网上公共秩序的重要手段。

## （二）网络信息安全监管的主要任务

网络信息安全监管工作的主要任务是对提供网络服务与信息服务的单位和联网使用单位进行管理、监督、检查，指导并督促其落实安全保护管理制度和安全保护技术措施；对重要信息系统的安全保护工作进行监督、指导。

1. 监督管理工作的对象

第一，互联网联网单位，包括互联网接入服务单位、互联网数据中心等；第二，互联网信息服务单位，包含网站、论坛、搜索引擎、电子邮件、电子商务、网上音视频等服务单位；第三，互联网上网服务营业场所；第四，重要信息系统。

2. 监督管理工作的内容

第一，指导督促联网单位依法进行备案，履行社会责任；第二，检查、指导、督促互联网联网单位落实安全保护管理制度和安全保护技术措施；第三，掌握网络整体拓扑架构，建立和管理网络基础数据库；第四，对互联网上网服务营业场所进行网络安全检查和审核；第五，开展互联网安全知识宣传，组织计算机安全员培训、考核；第六，开展计算机病毒、网络入侵及攻击等网络安全事件日常的防治管理与应急处置培训工作；第七，开展信息安全等级保护工作；第八，查处信息网络违法违规行为。

## 二、网站信息安全监管的内容和主要方法

### （一）网站信息安全监管的内容

第一，督促、指导网站建立安全组织机构，培养安全管理人员。督促、指导网站建立本单位计算机安全组织，负责指挥、组织、协调本单位的计算机信息系统安全保护工作，并向公安机关网安部门备案。

第二，督促、指导网站到公安机关网安部门进行备案，在网站自网络开通之日起30天内到所在地公安机关网安部门依法办理备案手续，并按照公安机关的规定按时提交出租网站服务用户的变更情况，协助公安机关开展出租网站服务用户备案工作。

第三，督促、指导网站建立健全安全保护管理制度。建立用户个人上网日志记录保存制度（交互式栏目记录：发帖用户IP地址、时间。主页修改访问记录：访问者的IP地址、起始时间和终止时间。），以上原始记录应至少保留60天，并在公安机关依法检查或查询时，予以提供；建立信息发布和链接网站审核、登记制度，对网站内的信息内容要依照《计算机信息网络国际联网安全保护管理办法》中第四、五条的规定进行审核，一旦发现违规内容应立即将信息备份后删除，同时在24小时内报告当地公安机关网安部门；建立聊天室、论坛等交互式栏目的信息审核、保存、清除和备份制度，网站应建立由信息审核员（开办单位）、站长、栏目主持人（各类栏目）组成的三级管理分级负责制，开设交互式论坛的网站应设专职的交互式论坛站长，站长负责对栏目的设置与栏目主持人的资格进行严格考察，明确规定开办的栏目内容和范围，栏目主持人要加强对用户的正确引导和管理，对栏目信息要经常检查，发现重大事件及时报告，实行7×24小时信息监控制度，发现有害信息做好备份后及时删除，同时报告公安机关；建立搜索引擎安全保护管理制度，规范搜索引擎搜索网站的行为，对每一个上挂网站均要进行登记并报网站安全组织相关负责人审批；建立异常情况及违法犯罪案件报告

和协查制度，落实案件、事故报告和调查协助工作机制，凡发现有违反国家法律法规的行为，应保留有关原始记录，做好数据备份，并于 24 小时之内向当地公安机关报告，重大案件和事故应立即报告，并配合公安机关做好调查处置工作；建立安全教育和培训制度，定期或不定期对网站的信息网络安全员、技术员进行安全教育和培训，积极参加公安机关开展的专题信息活动安全员培训，并推行持证上岗工作；建立重要网络系统的系统备份及应急预案制度。

第四，督促、指导网站落实安全保护技术措施。网站要保留论坛、留言板、聊天室等交互式栏目日志记录；要保留用户登录、退出、文件传输等日志记录 60 天以上；能够对标题、内容等进行基于特征字符串的过滤；支持过滤规则动态导入和维护，并立即生效；保留网站维护及 FTP 日志记录。

### （二）网站信息安全监管的主要方法

全面掌握网站的基本情况。搜集掌握的方法有以下五种。一是向本行政区划互联网运营单位报送；二是备案；三是在日常管理和监控工作中发现；四是上级有关部门和各地网安部门的通报；五是技术措施检测。有关部门对掌握网站的备案率应该达到 90% 以上。

加强安全检查和指导。要求各网站落实安全保护管理制度和安全保护技术措施，重点要对网站内违法关键词屏蔽过滤的落实情况进行抽查，并对用户登录、注销等日志记录留存情况进行检查。

重点监管具有交互式栏目的网站。对开设交互式栏目的网站进行重点监管；督促、检查、指导其落实信息安全保护管理制度，特别是落实信息发布、审查、巡查机制，同时建立重点单位数据库，加强管理。对具有交互式栏目的网站备案率应该达到 100%。

建立日常应急联络机制。要求各网站确定工作联系人和联系电话，落实 7×24 小时值班制度，在公安机关提出处置有害信息的要求后，必须能及时备份、删除。

## 第二节　城市互联网信息安全监管问题

自 20 世纪 90 年代后期互联网进入我国以来，互联网的基础设施建设、技术水平发展之迅速，使得互联网在人们的生活中发挥着越来越不可替代的作用。网站数量的不断增长，互联网应用的不断丰富，带给人们的是越来越便捷、越来越精彩的生活体验。然而，如同任何事物一样，互联网也同样具有其"两面性"，网络安全威胁、钓鱼网站泛滥、网站安全漏洞、个人信息泄露等一系列网络信息安全问题也接踵而至。由于我国在互联网信息网络安全方面法律法规制定的滞后，多部门监管体制体系的不完善，导致许多网站未能落实相关安全管理制度及技术防范措施。

## 一、网站信息安全的问题

### （一）网络黑市导致网站违法信息泛滥

所谓"网络黑市"，简单来说就是违法犯罪分子利用互联网发布并贩卖在线下实体店内早已被禁售的相关物品，涉及物品内容包括枪支弹药、爆炸物品、管制刀具、弩、剧毒化学品、手机窃听软件、手机改号软件、汽车干扰器、身份证、银行卡、假证、假币、假发票、个人身份（证件）信息及人体器官等。违法犯罪分子的主要做法就是利用网站信息安全的管理漏洞，通过人工或发帖软件等技术手段在网上大量发布非法交易的信息，利用互联网上身份的虚拟性来逃避公安机关的监管，通过出售违禁物品或采取欺诈手段从中牟利。

为严厉打击互联网范围内的违法犯罪活动，净化网络环境，公安部部署全国公安机关开展清理整治"网络黑市"专项行动，对全国范围内的互联网网站及相关联网单位开展严格管理和自查清理工作，对自查自清后违法信息问题依然突出的包括"百度贴吧"在内的21家网上贩卖违禁品等违法信息较为集中的网站进行了重点整治，对缺乏管理、违法有害信息问题突出的栏目、论坛依法予以了关闭。

### （二）个人信息泄露事件频发

近几年，全国包括中国软件开发联盟（CSDN）、京东商城、当当网、1号店等多家电子商务类网站信息泄露事件接踵而来，使得国内网民掀起一股"改密码"的狂潮。诚然，信息泄露事件的发生，既有网站技术层面的安全保护技术措施落实不到位的原因，但更多的原因是网站内部管理工作的混乱以及网民安全意识的淡薄。以上海网站1号店为例，1号店被爆出个人用户信息泄露问题，大量用户资金遭冻结，在消费者中引发不安和争议。经过上海公安机关网安部门的缜密侦查后发现，该案件的罪魁祸首居然是该网站的

11名内部员工以及离职的前任员工。无论是网站内部管理规范的缺失还是安全制度的未落实，通过这起案件不难看到，单从技术层面想要根本解决网站的信息安全问题几乎是不可能做到的，网站内部的管理工作规范同样十分重要。

## 二、公安机关监管中的问题

### （一）互联网信息服务准入门槛过低

按照我国法律法规规定，我国对开办网站实行经营许可和非经营备案制度，但办许可的网站很少，数量不到我国网站总数的千分之二，大量非经营性网站只登记开办者身份信息，缺乏必要的安全准入条件，大量中小型网站注册信息不准确、基本的安全管理制度措施不落实，有的网站为了提高点击量，放任、纵容淫秽色情、赌博诈骗等违法信息的大肆传播、扩散，有的甚至与不法分子相互勾结，为不法分子实施犯罪活动提供方便。近年来，公安机关依法查处了近万家违法网站，其中80%以上违法网站的注册信息是虚假的，公安机关难以找到网站开办人，无法追究网站开办人的法律责任，没有起到对不法分子的惩戒、警示作用，导致违法网站屡关屡开、违法信息屡删不尽，严重败坏社会风气，危害公共安全，侵害人民群众的合法权益。

### （二）互联网服务单位信息安全管理责任义务不明确

目前我国相关法律法规主要从行业管理的角度规定了开办互联网信息服务的条件和行政审批规定，但对互联网信息服务、接入服务单位应具备的安全责任义务，如公共信息巡查发现、违法信息屏蔽过滤和接入网站合法资质查验等，没有规定或规定过于简单，操作性不强，网上违法有害信息的发现责任实际上是由政府、社会和网民承担，互联网服务单位能够主动发现、及时报告的很少。一些互联网服务提供者还出于经济利益考虑，放任纵容违法信息的传播扩散，这种企业赢利，政府和社会买单的情况导致网上违法信息层出不穷、屡禁不止。

## 三、互联网服务单位上网日志信息留存问题

现有的法律法规中规定日志信息保存时间仅为60天，远不能满足执法机关落地调查和打击违法犯罪的需要，有的服务商甚至不留存日志信息。对

网民注册登记和上网日志信息，现有的查询规定手续烦琐，时效性差，经常贻误办案时机。保存日志信息的主要目的是为执法部门打击网络违法行为服务，但现行的互联网信息服务管理办法规定，日志信息监管由电信管理机构负责，检查和处罚部门为电信管理机构，大量未留存日志的违法行为没有得到处理。一些互联网服务单位还常常以未经电信管理机构同意为由拒绝向执法机关提供数据，使网络犯罪线索查证工作陷入中断。

## 四、互联网管理部门责权不一致

公安机关承担着在互联网上维护国家安全、社会稳定、防范和打击犯罪的重要任务。但目前的法律法规中，给公安机关的授权不足，导致了与公安机关所承担的职责不相适应。为有效预防、遏制和打击网络违法犯罪，应该将公安机关的互联网安全监管职责贯穿于互联网服务单位事前审核、事中监管和事后查处等多个环节。事实上，《中华人民共和国人民警察法》《中华人民共和国计算机信息系统安全保护条例》（国务院第147号令）、《计算机信息网络国际联网安全保护管理办法》（公安部第33号令）等法律法规都赋予了公安机关互联网安全监管的职权。

## 五、互联网行业内的自律规范问题

### （一）互联网企业的社会责任感亟待提高

在目前我国法律制度不能很好地紧跟互联网技术发展速度的情况下，如何更好规范互联网企业的行为，唯一的答案是"自律"。以目前铺天盖地的网络谣言为例，网络谣言不仅严重侵犯公民权益，损害公共利益，也危害国家安全和社会稳定。

在经济利益与社会道德之间，互联网企业必须清醒认识到自己所担负的社会责任，应通过积极与政府职能部门的合作，履行内容管理的义务，推动网络"正能量"的积极扩散，而不是利用监管漏洞，对网络谣言听之任之，甚至放纵低俗信息的泛滥，以达到提高自身知名度的炒作目的。只有所有互联网企业都积极遵循这样的"自律"标准，我国的网络信息安全监管才能进入良性循环。

### （二）网民个人诚信问题遭遇严重危机

还是以网络谣言为例，针对网上所谓的"军车进京、北京出事"的谣言，经北京市公安机关调查，依据有关法律法规，对在网上编造谣言，造成一定程度社会秩序混乱的李某、唐某等6人依法予以拘留的行政处罚，对在网上传播相关谣言的其他人员进行了批评和教育训诫。

从该起事件中不难看出，网站信息安全事件的起因往往是网民，而网民个人诚信的缺失，正是问题的根结所在。网民个人诚信危机归根结底是网络的虚拟性造成的，虚拟网络也许正是网络与其他媒体最大的区别，网络的虚拟特性往往使人产生侥幸心理从而铤而走险。殊不知"天网恢恢，疏而不漏"，造谣者最终难逃法律的制裁。

## 六、监管与发展的问题

在公共领域理论中，私人集合而成的公众的领域要求这一受上层控制的公共领域反对公共权力机关自身，以便同公共权力机关对具有公共性质的商品交换和社会劳动领域中的一般交换规则等问题进行讨论。互联网就是一个典型的网络公共领域。一个现代社会之所以需要网络公共领域就是希望在国家和公民社会之间进行调节，给公民社会和个人适当的机制来保证其正当权益不被国家侵害，但同时又受到国家公权力的制约，从而使国家更好地保障公民社会的整体利益。但这样的国家公共权力也是需要受到制约的，以保障不会出现某些个人利益损害到公众利益的情况出现，这就是网络公共领域制约和自由的辩证关系。

有观点认为加强网络信息安全监管其实是在让网民"禁言"，这种观点是错误的。从公安机关的角度来看，在打击网络中别有用心者不良企图的同时，也应当保护单纯善良人群的同情心理。无数事实已表明，畅所欲言的言论自由往往最终只得到被利用、被蒙蔽甚至被欺骗的苦涩果实，与初衷早已背道而驰。正所谓不受制约的自由权利到头来肯定会违背公众利益，一味放水养鱼最终结果无异于竭泽而渔，现实社会如此，网络社会亦如此，没有自律就没有自由，没有适度的监管也就没有长远的发展。

## 第三节 对城市互联网信息安全监管问题的防范

从公安机关对网络信息安全监管的角度来看，虽然国内外警方均采取了一些有效的措施和做法，但由于国情不同，实际情况不同，各国警方在网络信息安全监管方面也未能有统一的做法或规范得到普遍的认可。如何有效衡量一个网站的信息安全水平，如何通过直观的方式了解一个网站各项安全保护管理制度与安全保护技术措施的落实程度，对于政府职能监管部门来说，是提高互联网信息网络信息安全监管工作，提高网站安全防范及应急响应工作亟须解决的一个问题；对于互联网行业内民间组织及协会来说，提高网站安全防范及应急响应工作是规范行业规范，提升行业诚信、行业准则及行业自律的迫切需要。

# 一、进一步加强网络信息安全防范

## （一）加强网站软硬件系统及管理制度的安全防范

在物理层安全方面，要加强对通信线路、物理设备、机房的安全管理；在系统层安全方面，要加强对操作系统的安全管理和防范，尽可能排除由操作系统本身的缺陷带来的不安全因素，包括身份认证、访问控制、系统漏洞、安全配置、病毒威胁等。

在企业内部管理制度方面，要编写严格的管理规范，包括成立网络安全小组，确立安全小组负责人（单位领导任组长），确立组长负责制；组长落实小组人员岗位工作职责；配备2到4名计算机安全员，须持证上岗；制定网络安全事故处置措施；建立计算机机房安全保护管理制度；完善用户登记制度和操作权限管理制度；建立网络安全漏洞检测和系统升级管理制度；建立交互式栏目24小时巡查制度；建立电子公告系统用户登记制度；建立信息发布审核、登记、保存、清除和备份制度及信息群发服务管理制度；建立违法案件报告和协助查处制度；建立备案制度等。

在网站安全技术保护技术措施方面，系统运行日志及用户使用日志要保存至少3个月，保存的日志信息内容包括用户IP地址分配及使用情况，交互式栏目能对特定的违法关键字进行屏蔽和过滤，对网络攻击、计算机病毒要有防范措施，对用户注册信息、用户上网的IP地址及对应时间等，要有安全审计功能，能够预警报警。

## （二）提升网民信息安全防范意识

公安机关应不断加强对网民的信息安全教育和培训，特别是新网民与文化程度相对较低的网民，要从认识、技术、心理等各方面武装网民，提高网民的自我信息安全预防和处置能力。

同时，公安机关还应结合近期发生的网站信息安全事件，利用各种平面媒体、网络媒体等宣传手段，对网民进行宣传教育，对涉网违法犯罪份子层出不穷的欺诈、诱骗等犯罪手段，向全社会进行曝光，尽最大可能让所有网民知晓，在提示网民进行有效防范的同时，鼓励网民向公安等职能部门进行举报，扼杀网络信息安全苗头，维护和谐稳定的网络环境。

## 二、进一步加强政府职能部门监管

### （一）加强互联网基础数据采集和基础数据库的建设

截至目前，基础数据库中共有 IP 地址分配及互联网服务单位备案信息 200 多万条。其中，IP 地址段分配信息 173943 条，固定 IP 地址分配使用信息 500800 条；ISP 及 IDC 用户备案信息 8966 条；ICP 网站备案信息 1593818 条；网吧、旅馆等互联网上网服务场所备案信息 134168 条；重点联网使用单位备案信息 54497 条。网安部门对网民的现实化管理能力进一步增强。

同时，根据公安机关长期侦查办案经验，目前国家工业和信息化部推行的网站 ICP 备案制度中，往往网站开办者信息存在错误或虚假的情况，导致许多涉网违法犯罪案件查证线索的中断。通过推行公安机关网安部门互联网基础数据采集和基础数据库系统的建设，可同步落实公安机关对网站的实名备案要求，有效提高网站开办者身份信息真实性和准确度，为提高网站信息安全提供政策支撑。

### （二）加大对互联网违法犯罪行为的查处力度

结合公安部深化打击整治网络违法犯罪专项行动，公安网安部门对 283 家出现过违法信息的网站处以警告并责令限期改正的行政处罚，4 家处以罚款的行政处罚，19 家处以停机整顿的行政处罚，关闭 214 家违法网站，并通报市通信管理局纳入黑名单管理。本次行动组织城市网站自行清理违法信息 10 万余条，自行关闭违法栏目 2375 个，自行关闭网站 1191 家，发现并上报违法线索 35492 条，极大净化了城市互联网环境。

随着互联网地飞速发展，公安机关应继续不断加强对互联网接入服务商、互联网信息服务商等互联网企业的监管力度，依法开展行政处罚和违法犯罪案件打击工作，加强网络社会管理工作，保证网络依法规范有序运行。

### （三）完善其他政府部门的监管

国家各级网络信息安全监管部门应加强信息互通与协作，根据各自网络信息安全监管职责分工，加强对网站信息安全的监督与管理。国家互联网信息内容主管部门应结合时事热点，加强对互联网内容意识形态的监管；国务院电信主管部门应加强对互联网行业发展、行业准入、行业规范的监管；国务院公安部门应加强对互联网违法犯罪案事件的查处与打击。同时相关部门应建立良好的沟通协作机制，在网站信息安全领域建立统一信息共享平台，不同部门对网站的监管结果向其他监管职能部门开放，以达到数据共享的目的，在节约监管成本的同时，提高监管效率。

## 三、加强社会化合作共同推进网络信息安全防范

互联网在经济社会发展中发挥积极作用的同时，由于其匿名隐身、即时通信、无界传播、无限扩张等特点，成为不法分子传播淫秽色情信息、散布网络谣言、恶意侮辱诽谤他人的温床。如何增强网民的自律意识，从根本上规范网民的网上行为，已成为政府部门开展虚拟社会管理工作的重要内容之一。

### （一）构建制约型网络社会诚信体系

征信网通过曝光手段使对网络行为的约束具体化。其具体实施过程有以下三个方面，一是曝光已查实的网络谣言等违法人员信息，为了遏制以散布网络谣言为代表的违法行为，征信网曝光了相关违法者的网名、居住地区、县名称及违法行为信息，以表明网上违法行为是"可查""可管"的；二是对被网民举报并经公安机关查实的非法网站和违法信息高发网站进行曝光；三是针对近年来高发的电信诈骗，向网民曝光来进行提示。

### （二）构建引导型网络社会诚信体系

通过辨别网站"真与假"，评估450万个中文网站真实性。有关部门要针对色情、赌博、钓鱼等违法网站，广泛存在的域名未备案、相关信息虚假、服务器位于境外等特点，主动接洽网络科技公司，合作推出"网站可信度评估"服务，为网民辨别网站"真假"与否提供依据。

该服务主要依据网站服务器所在地、备案信息准确性、网站经营资质等信息，对450万个中文网站的"真与假"进行判定，并给出"放心访问""谨

慎访问""不建议访问"3项服务建议。同时，结合政府处罚、网民举报等情况给予网站1至5星的评估结果。

区分网站"优与劣"，对网站信用度进行智能化评估。在辨别网站"真与假"的基础上，为了方便网民在繁杂的网络中迅即找到真正的优质网站，有关部门与专业信用评级公司"正信方晟"开展合作，共同试推出了"网站信用智能化评估服务"。

该服务以公平性、适用性、准确性为原则，通过3级26个因素，对网站信用状况进行全面评定，并给予金、蓝、灰3种评估结果。在全面评估完成后，依托征信网将评估结果予以公示，并纳入现实征信体系，以便政府相关职能部门、银行等单位在项目申请、资质审核、融资贷款等征信环节中加以利用。

开通"诚信导航"和"诚信搜索"，建立全国品牌名录。针对互联网中众多"李鬼"网站鱼目混珠，让广大网民良莠难辨的突出情况，征信网从"惠民、便民"理念出发，审核认证了涉及机票、搬家、家政、医院、家电维修等民生热点的诚信网站1万余个，集中在网站内的"诚信导航"栏目中公布。同时，征信网依托强大的认证数据库，在通用搜索引擎系统上升级推出"诚信搜索"服务，让网民按一次"搜索"键，就能清楚辨别网站的真伪。

在此基础上，征信网还计划提供"企业品牌查询"，为广大网民提供一种更为精准的、更细分的可信导航服务。针对企业品牌，要进行精细分类、归纳、整理，使查询企业品牌的用户能更快速地找到自己想要查询的网站官网。

### （三）构建服务型网络社会诚信体系

有关部门通过实时检测网站安全性，为城市网络安全建立防护伞。针对当前网站安全防范较弱，网站挂马、恶意代码普遍存在等现象，征信网推出了"网站安全监测"服务。对网站性能、可疑篡改、网站漏洞、网站挂马等安全隐患进行免费、实时监测，并通过手机短信进行报警，使广大企业能有效提高网站安全性，减少由于网站安全问题对企业和网民带来的影响和危害。同时，为网民访问陌生网站时，提供实时安全检查服务。

通过网民举报，规范城市网络企业诚信运营。在征信网开设举报平台，分类逐条处理网民举报的各类违法网站信息。

## 四、完善互联网行业自律规范

### （一）要履行信息采集告知义务

企业应建立网络信息采集告知制度，采用明确、通俗的方式向用户告知业务中对用户个人信息的收集和使用行为，说明使用个人信息的目的、方式范围以及将采取何种保护措施，同时对可能的风险进行警示。协会将会同政府，帮助企业共同建立和完善相关的信息采集和告知制度，并不定期地进行审查和评估，确保制度的执行和有效。

### （二）要规范网络信息使用

企业应建立用户信息使用授权制度，在得到用户同意的情况下使用用户个人信息，敏感信息的使用要得到用户明确授权，不得在用户不知情的情况下，扩大、变更使用范围和目的。各协会将全面开放举报窗口，接受社会大众的监督和举报，对于该类举报，各协会要会同政府相关执法部门严肃调查、公正执法。

### （三）要提升信息保护手段

企业应采用技术、管理等手段，建立用户个人信息保护相关制度及风险预案，明确责任人和内部管理流程，以应对用户个人信息泄露的风险。各协会要配合政府对企业的信息保护工作进行检查，帮助企业及时发现在用户信息保护方面存在的问题及隐患，并加以改进。

### （四）要加强行业自律监督

企业应加强行业自律，自觉阻止并防范网络用户个人信息的非法传播和发布，发现此类非法行为，应予坚决制止，并及时采取手段阻止影响的进一步扩大，对所发现的用户信息保护方面存在的问题或隐患，要积极建言，及时举报，并协同相关部门进行处理。协会将把企业的表现纳入企业考评工作中，对严重违反自律协定的单位，协会要在相关媒体或网站上进行公开通报批评，并报请主管部门进行严肃处理。

# 第九章 国家互联网信息安全问题的防范与对策

20世纪中期的信息和网络技术革命彻底改变了人类的生产生活方式，同时也给"国家安全"这个古老的话题注入了新的变量。在当今"无网不在"的世界里，互联网一方面提高了人类的生产效率和生活质量，为人类创造了巨大的价值剩余，变革了整个社会的运作方式；另一方面由于互联网本身的缺陷和人为的滥用，互联网对国家安全的威胁也与日俱增，网络信息安全被提上议程，并且在国家安全中的地位也日益凸显。网络信息成为当前政治家和国际政治研究学者无法回避的国家安全变量。

## 第一节 互联网对国家信息安全的影响

互联网的发展和应用，给国家安全注入了新的独立变量。由于互联网本身的缺陷和人为的滥用，使以包括互联网在内的信息化设施作为社会运作基础的现代化国家显得漏洞百出，信息安全成为国家军事安全、政治安全和经济安全的最重要的威胁之一。互联网之所以能够在全球普及，主要原因就是互联网具有开放性、快速性、廉价性、普及性、内容丰富性等优点。而这些优点只是"双刃剑"的一面，"双刃剑"的另一面是由这些优点所带来的信息安全困扰。例如，互联网的开放性使得人人可以接触、使用互联网，也使得任何连接上互联网的资源都暴露在危险之下；互联网的快速性使得虚假信息也可以快速发酵，影响社会稳定；互联网的廉价性使得实施网络攻击的成本变得极低；互联网的普及性使得网络攻击随时随地可以发起；互联网的巨大信息容量使得互联网本身就蓄积了大量的攻击技巧。据统计，目前大概有 26 万个站点提供此类知识。此外，由于互联网技术本身就是开放的，其从建立开始就缺乏安全的总体构想和设计，互联网的核心协议——TCP/IP 协议是假定在可信环境下，为网络互联专门设计的，缺乏安全措施的考虑。主要的软件公司为了方便用户及时更新软件，以提高软件的强壮性，因此会不定期地发布软件漏洞报告，而这些报告却在另一方面方便了病毒和木马的制造者，导致互联网病毒、木马以及攻击软件层出不穷，且制造的速度越来越快，有不少木马甚至可以在软件厂商发布漏洞报告后的 24 小时之内被制造出来并迅速散布到互联网。在互联网成为社会运作基础的当今信息化时代，互联网的安全问题已经直接影响到了民众的生活、公司的业务乃至国家的安全。在现代社会，互联网对国家安全的影响最主要体现在其对国家军事安全、政治安全和经济安全的影响上。

## 一、互联网与国家军事信息安全

军事安全历来是国家安全的基础和重点，并在相当长的一段时间里承担了国家安全的最主要职能。随着社会生产力的发展，军事手段也在不断地发生改变。在人类历史上，共发生过三次重要的军事变革。

第一次变革是从冷兵器发展到热兵器。冷兵器源于人类早期的狩猎和生产工具，最初是用木头、石块等制作。后来，随着冶炼技术的进步，青铜、铁、钢等金属也被用于兵器的制造。中国人虽然发明了火药，但并没有大规模应用于战场，火药传入西方以后，正值西方的工业化革命，火炮、炸弹、步枪等武器被不断研究出来并大批量地生产，人类社会进入热兵器战争时代。战场上面对面的杀戮演变为远距离的射击。

第二次变革是从步兵发展到机械化集群作战。随着内燃机技术和机械技术的不断成熟，坦克、飞机、汽车等自动化和机械化的武器开始大量装备部队，人类由此进入机械化战争时代。其战争形式表现为快速、大规模的机械化集群作战。机械化战争也给了人类前所未有的大规模杀伤。

第三次变革是从机械化发展到信息化。此次变革从 20 世纪 50 年代开始，至今仍在不断发展。军事信息化是将传感技术、通信技术和计算机技术等应用于军事领域，以精确制导武器、电子对抗装备、军事卫星、信息化战场网络、数字化士兵等为标志，甚至直接以计算机网络作为作战武器和攻击对象。据统计，在现代武器系统中，信息设备的费用占其整个武器系统费用的 50%～90%。

以信息技术为核心的新军事革命已正在改变现代与未来战争的形态，计算机网络及信息系统成为一种新攻击武器、作战平台和打击目标，网络空间正在成为攸关国家安全的重要战场。"信息战威慑"成为与"核威慑""导弹防御威慑""太空战威慑"并列的第四种战略威慑。

阿尔温·托夫勒在其《第三次浪潮》中对军事信息化有非常形象的描述："今天比官僚更凶猛的海盗被称为电子强盗，他们凭借着精细的数据、信息和技术能力去攫取权力，而不是传统的大袋金钱。今天成功并购更多依赖的是信息，而不是你有多少钱。有时候获取正确的信息比筹划到足够的钱还难。知识是交易中最大的权力。"据此，他指出"过去军事行动依靠无意识的拳头，而今天任何军事行动都必须完全依赖智慧结晶——装配在武器和监视系统上的知识，今天的战斗机根本就是架会飞的电脑。"

综合来看，计算机网络与军事结合后，军事信息化出现的两个主要的新特征：军事信息网络化和网络战。

### （一）军事信息网络化

任何最新、最先进的技术发明总是最先应用于军事，信息和网络技术也是如此。甚至可以说信息技术与生俱来就与军事有着紧密联系。早在20世纪30年代中期，美国的陆军和海军的信号情报部门为了进行复杂的密码破译和编密工作，使用了高速数字电路和穿孔卡片控制程序的机器，这种机器就是现代电子计算机的雏形。美国海军安全大队同科达克公司、全国现金出纳机公司等公司合作，信号安全局与贝尔实验室合作，制造密码破译和编密机器。1946年，宾夕法尼亚大学穆尔电气工程学的一批工程师和数学家创造了第一台计算机——"埃尼亚克"，从而宣告了电子计算机时代的到来。"埃尼亚克"刚刚诞生，美军海军安全大队的少校彭德格拉斯就开始研究电子计算机在编密和信号情报领域内的应用潜力，并于同年开始了代号为"十三号任务"的计算机研制计划。1950年12月，世界情报界第一部电子计算机"阿特拉斯"诞生；1952年4月，美国陆军安全局制造的破译密码的电子计算机"艾布纳"也诞生了；1956年7月，在美国国家安全局局长卡奈因的推动下，美国国家安全局开始研制性能更高的"收获"计算机系统。1957年7月，在艾森豪威尔总统的支持下，美国历史上最大的一项由政府支持的电子计算机研究计划——"闪电"研究计划开始实施。这项庞大的研究计划的承包单位包括了斯佩里兰德公司、美国无线电公司、国际商业机械公司、菲尔科公司、通用电气公司、马萨诸塞州理工学院、堪萨斯大学和俄亥俄州有关单位。虽然此项计划原本的目的是使当时的电路性能提高十倍，但其实际获得的成果却比预计的大得多。1962年2月,美国国家安全局接收了国际商业机械公司制造的经过改进、运算速度更快的"伸展"计算机系统,并将其装于"收获"计算机系统,使后者性能大增。1962年,在美国国防部的资助和主导下,互联网的雏形——阿帕网(ARPA)诞生。可以说,没有美国国家安全利益,特别是军事安全利益的推动,信息和网络技术的发展可能不会像如今这样迅速。

所谓军事信息网络化,就是通过计算机信息系统和计算机网络把军队的指挥控制系统、战场作战系统、后勤系统等系统进行有效整合,形成高度集成化的、综合化的、实时控制、精确打击、全面防护的有机整体,使各子系统通过信息这根"线"协调一致地行动,从而最大限度地凝聚作战资源、释放作战能力。

从20世纪60年开始,美军先从各军种的指挥控制系统建设开始,探索信息化的指挥网络,即C2系统。在C2系统取得成功后,美军又将其理念扩大到通信系统和情报系统建设。20世纪80年代,美军又将预警探测系统加入其中,变成C3ISR系统。20世纪90年代,随着计算机技术的成熟和成本的降低,美军又用计算机系统取代了模拟系统,此时该系统又演变为C4ISR系统。随着计算机网络技术的成熟和日趋广泛的使用,美军开始进入第二代信息化武器装备的建设,主要包括以下三个方面。一是为实现战场全球通信,开始建设全球信息栅格网GIG系统,该系统将把所有的部队和重型武器接入一个计算机网络中,以实现战争、战场资源的合理、快速调配;二是建设无人化战场,发展无人驾驶作战系统,将基于传感器和计算机的数字化遥控系统作为一个发展重点;三是着眼于控制全球卫星通信和计算机网络,把电子战系统和网络战系统结成一体,称之为"网络电子战系统",这将使得"信息战"从蓝图走向现实。

目前,美国已建成了较为完善的军事信息网络,主要包括全球作战保障系统、全球运输网和全球资产可视性系统等。

全球作战保障系统是全球指挥控制系统的子系统,于1992年开始研制,由参谋长联席会议后勤部负责技术开发。该系统的目标是实现后勤数据与战场数据的真正融合,为军队指挥官提供包括战略、战区和战场等各个级别的有关补给、运输、医疗、工程、人事、财务、维修等方面的全面后勤信息,到1998年,该系统已经基本实现了上述目标。2000年3月,为进一步完善该系统,参谋长联席会议又提出《2000—2003年全球作战保障系统战略计划》。目前,该计划已全部完成。

海湾战争结束后,数字化部队与数字化战场成为美军信息化和网络化建设的重要内容，C4ISR系统从战术部队开始向下延伸至单个武器平台和单个士兵。为保障数字化战场的实施，美军先后开发了远程医疗系统、远程维修系统、士兵信息系统等项目，大力发展信息化和网络化的后勤装备。发展信息化后勤装备时，美军主要采取"横向技术一体化"思路，通过插入数字化装置来改造传统的后勤装备。例如，美军在对整体装卸车加装射频卡、阅读器、全球定位接收器、微机等组成的机动跟踪系统后，极大提高了物资补给的速度、透明性和准确性。

为提高效率，节约成本，美军改革了后勤传统的工作方法，较早地采用了电子商务技术。美军认为："采用电子商务及互联网等相关技术处理后勤业务，是20世纪主要的革命性后勤变革之一"。1998年6月5日，美军成立了"联合电子商务项目办公室"，该办公室由国防部后勤局和国防部信息系统局共同领导，主要任务是把电子商务技术应用于后勤的采购和支付。目前，美军的药品、医疗器械、服装、金属制品、给养、修理零部件等多种后勤物资均通过电子商务来采购。

美军利用计算机网络、信息技术和商业运作方法建立了以配送为基础的后勤系统，实现后勤供应方式的根本性变革。1996年11月，美军在其公开的《2010年陆军构想》中提出，要能在120小时内把一个师，30天内把5个师投送到全球上任何一个指定地点。为实现这一目标，则要求对陆军后勤进行彻底的转型，从储备的数量转向配送的速率和准确性，建立一个以配送为基础的后勤系统。以配送为基础的后勤系统代表着陆军在部队供应方式上的一个巨大转变，主要是通过利用信息技术实现流经后勤渠道中的资产可视性，并根据精确预测部队的需求，采取从起点直达部队的补给方法，通过灵活调配物资，在需要的时间和地点将物资主动配送给作战部队。

美军军事建设的另一个重要方向是能够适应现阶段反恐战争和未来战争需要的高效通信系统。美军政府机构指出："随着军队向未来军事力量转型，完善的通信、信息系统和网络将是使军队有能力完成各种任务的关键因素。"

由于军费限制，美军对于信息网络化坚持"有所为有所不为"。例如，当前美军在战场上使用的笔记本电脑的屏幕大多是黑白的，不是彩屏的，这不仅减少了通信量，还节约了硬件成本。再如，美军研究人员很早就提出的网络攻击项目，但由于当时的计算机网络和无线电通信是独立分开的，攻击敌人的计算机网络不具有野战的技术可行性，而且当时其他国家军队信息化程度低，即便大力发展网络攻击能力，也不能带来战术上的更多效益，因此这个项目一直被置于"预研投资项目"，直到近两年，随着各国的网络系统都已形成规模，美军才对此加大投资。

美军建设的信息网络在海湾战争中得到了有效检验。在海湾战争中，多国部队与伊拉克军队的兵力对比为 69 万比 120 万，在数量上显然不占优势。然而，美军凭借信息技术的优势，把来自 30 多个国家的作战力量组合成一个整体。这个海、陆、空一体的体系，集侦察、指挥、干扰和攻击为一体，每一个单元都是联合作战体系中的一个"预制件"，通过先进的网络及信息技术形成一种新的力量，使整体作战效能显著提高。在战争中多国部队先后出动十多万架次的飞机，但是只损失 40 架，其中被伊拉克防空武器系统击落的飞机还不到出动飞机总数的 3%，这在传统的机械化战争中是不可想象的。这主要得益于基于信息系统的作战体系的高效能。在伊拉克战争中，借助计算机网络，美英联军实现了在传感器、作战平台和指挥中心之间实时传递目标信息，实时了解精确的战场情况。伊拉克战争表明，美军 C4ISR 系统与武器系统结合更加紧密，美军的战场态势感知能力大为增强，信息传输能力和指挥控制能力显著提高。美军"国防信息系统网"的通信带宽比海湾战争时扩大了 10 倍，空中作战指挥中心数据交换能力提高了 100 倍。

目前，美军在全球 88 个国家和地区拥有超过 4000 个军事基地，这些基地内共计约有 15000 个计算机网络。美军通过如此庞大的计算机网络将指挥、控制、决策、通信、打击、保障等诸多要素组成了互通的军事信息系统。国防部负责政策的副部长助理詹姆斯·米勒说："军方的令行禁止、情报后勤、武器开发与部署等工作无一不依靠电脑网络。"

计算机网络是美军的"生命线"，为了保证信息安全，美军对其军事信息网络采取了多种保护措施，但这并不能保证美军军事网络信息的万无一失，主要原因包括以下几方面。

第一，由于成本和地理条件限制，并不是所有的军事信息网络均能保证与互联网的物理隔离，而只要有一台连入军事信息网络的计算机同时连接上了互联网，这个军事网络的安全也就无法得到确保。2009 年 1 月，法国海军内部系统一台连接互联网的电脑受病毒入侵，病毒迅速扩散到这台电脑所在的军事网络，海军全部战斗机因"无法下载时示指令"而停飞达 48 小时之久。

第二，有些军事信息网络虽然采用了诸如 VPN（虚拟专用网）、专线（光纤、电话线等）等虚拟的或真实的专用网络技术来实现远程通信，但由于通信协议本身存在缺陷，通信线路也存在被窃听可能，因此专线也并不安全。

第三，为了保证通信及时性，军事信息网络越来越多地采用无线通信技术。由于无线通信技术的信号发散性，无线信号很容易被干扰、跟踪和截获，并为对手所用，此外，一些硬件生产厂商以技术保护为由，不公开产品的技术细节，导致这些硬件可能存在人为或非人为的漏洞，成为信息安全的巨大隐患。例如，某些公司开发的手机芯片留有后门，虽然手机处于"关机"状态，但是手机电池还是在向某些单元供电，这样侦听方就可以像平时拨打电话一样向区域内的所有手机发送筛选信号，如果被选中，该手机就会自动以最大功率向侦听方这个伪基站反馈一个信号，如果侦听方想监听，就回应这个信号，激活手机上的话筒单元和发射单元，这样手机就变成一个不折不扣的移动窃听器。由于绕过了真正基站的计费系统，所以这种窃听行为被窃听者很难发觉。

但是，最危险的泄密人员来自网络内部人员，因为内部人员最难防范。据统计，70%的泄密事件是内部人所为。相对于外部人员，在军事系统内部人员可以非常方便地进入军事信息网络，如果具备一定的计算机及网络知识，则可以轻松地窃取大量机密文件。由于金钱等利益的驱使或个人理想主义的推动，世界上多个国家都发生过军方内部人员的泄密事件。

军事信息网络化提高了军队的管理效率，增强了战斗力，但同时也带来了信息安全上的隐患。根据"短板"理论和经验，一场战争的胜败往往不是由军队最强的一方面能力决定的，而是由其最弱的，哪怕是不起眼的一个弱点决定的，就像木桶上最短的那块木板。军事网络由于其自身尚存在技术上的漏洞，且涉网人员非常之广泛，因此很难保证其不会成为现代战争中最短的那块木板。

除了军事网络，民用网络也常常成为泄露军事秘密管道，对国家军事安全造成损害。这些信息往往是一些网友提供的，或是军队人员无意泄露的。例如，2007年8月，美国海军对YouTube上的一段视频下达了禁播令，在视频中，停在美国海军圣迭戈基地的"罗纳德·里根"号核动力航空母舰上，一名身穿防辐射服的水手在跳舞，他的背后就是航空母舰的核反应堆。美国海军认为，任何与航空母舰上核反应堆有关的图像都属高度军事机密，因为对手可以从核反应堆的外形估算出很多数据；同年，一名叫唐·多哈吉的货轮航海官在用绘图工具对布莱默顿普吉特海湾港口照片扫描时，发现海军潜艇维修厂船坞上一艘"俄亥俄"级战略导弹核潜艇的最核心部位——螺旋桨推进系统毫无保留地暴露在公众面前，如果是资深潜艇专家，根据照片就能破解美国战略导弹核潜艇的更多秘密。

### （二）网络战

"军事邮件系统瘫痪无法控制卫星。断电导致机场调度、交通、金融网陷入混乱。与核攻击相比，其危害性将更大，但犯罪主体却十分模糊。"以上是哈佛大学肯尼迪学院教授理查德·克拉克在其 2010 年 6 月出版的新作《网络战：对国家安全的下一个威胁及应对措施》中对网络战的描述，他认为网络战可使全美国在 15 分钟内陷入瘫痪。显然，自里根到克林顿任总统期间一直担任美国白宫网络安全顾问的理查德·克拉克并不是在危言耸听。

无独有偶，美国著名军事预测学家詹姆斯·亚当斯在《下一场战争》中也写道："在未来的战争中，计算机本身就是武器，前线无处不在，夺取作战空间控制权的不是炮弹和子弹，而是计算机网络里流动的比特和字节。"

自从计算机网络被投入应用开始，网络入侵和计算机病毒就伴随其左右。早在 1979 年，美国年仅 15 岁的少年黑客米尼克就通过破译密码的方式，成功地入侵了美军的"北美防空指挥中心"，在美国军方毫无察觉的情况下，下载了美国指向他国的所有核弹头的数据资料，然后他又将这些资料传给了其少年朋友。此事在美国政府和军界引起极大震动。9 年后，"莫里斯蠕虫"病毒在全球爆发，造成全球 6000 多所大学和军事机构的计算机受到感染而瘫痪，其中美国遭受的损失最为惨重。该病毒使得美军共约 8500 台军用计算机出现不同程度的故障，其中 6000 部计算机无法正常使用。此次事件又一次向人们展示了网络病毒和网络攻击的巨大威力。此后，随着计算机网络应用的加快、加深，网络攻击手段不断多样化，攻击频率也逐年增加，对网络安全的威胁也与日俱增。一些对美国持不友好态度的国家政府和民间组织也对美国的军用和民用网络设施频繁发动攻击。通过这些新型威胁，世界各国认识到，互联网正逐渐演变为战争的新武器、新对象和作战的新平台。

传统战争是以攻城略地为特征的由外及内的"顺序"形式战争；现代化战争是以"外科手术"或"斩首行动"为特征的"点状"形式战争；未来的网络战争则是"遍地开花"式的"全面"战争，届时"前方、后方""军队、平民""军用、民用"等概念之间将没有清晰的界限，何时、何地、何人都有可能成为战场和战士，而核心资本是网络和终端。

1993 年，美国国防部的重要智库兰德公司的两位学者首次提出"网络战"概念，并从理论上界定了"网络战"的定义。他们系统地介绍了如何利用网络"干扰、破坏敌方的信息和通信系统"，如何在阻止敌方获取自己信息的同时，尽量多地掌握对方信息。1997 年，美国海军提出"网络中心战"的概念，以取代"平台中心战"，并于 2001 年被美国国防部采纳，开始成为美军纲领性作战概念。之后，在美国防部的统一规划下，美军各军种开始制定信息系统安全计划，并着手建设 9 大网络（其中 5 个在本土，4 个在海外）。在美国的影响下，其他军事强国随后紧锣密鼓地加强了对"网络中心战"的应用研究。目前，英国已宣布将通过三个阶段来发展网络使用能力；北约在完成了网络使用能力可行性研究基础上,正加速推进北约军事战略转型;法国在"网络中心战"理论支撑下开始研发"网络中心战"核心装备;澳大利亚则公布了"网络中心战"新的路线图。

兰德公司认为,工业时代的战争是核战争,信息时代的战争则主要是"网络战"。与传统的战争不同,"网络战"是一种破坏性极大的"顶级"作战形式,一旦关键的计算机网络系统被侵入或被摧毁,整个国家就有崩溃的危险,整个军队的战斗力就会大幅度降低甚至完全丧失。兰德公司在其发布的《战略信息战》报告中分析认为,信息战具有信息攻击花费低、传统边界模糊、管理观念困难、战略情报具有不可靠性、战术警报/攻击估计极端困难、建立和维持合作关系变得更为复杂、无安全的战略后方等特点。

而"网络战"则是信息战的一种,是指为达到"瘫痪"对手的目的,在保证己方网络信息系统的正常运行的前提下,干扰、破坏敌方网络信息系统而采取的一系列网络攻防行动。"网络战"正在成为高新技术战争条件下的一种日益重要的作战方式。网络战通过破坏敌方的指挥、控制、情报、信息和防空等军用网络系统,以及破坏、瘫痪、控制敌方的商用、政务、社会公共事业等民用网络系统,给对方造成极大的心理威慑,做到不战而屈人之兵。

战争的直接目的不是"消灭"敌人,而是"瘫痪"和"控制"敌人。网络战的作战对象是终端、网络和信息系统,武器是智力和技术,方式是阻塞、破坏、瘫痪敌人的网络系统。网络战的目的不是给对手以有生力量的大规模杀伤,而是令对手成为"聋子""哑巴"和"瞎子",失去对战场局势的分析能力和对战争资源的控制力,从而打击对方的士气,瓦解对方心理,使对方的战争控制系统崩溃,做到"不战而屈人之兵"。

武器的信息网络化和信息网络的武器化成为趋势,鼠标和键盘变为最具威力的战争工具与平台。随着计算机在军事系统中的广泛运用,计算机已成为未来战争之中不可少的作战工具,计算机网络成为最主要的指挥控制工具,这已经成为世界各国的共识。海湾战争结束后,美国中央情报局和国家安全局就研制军用计算机病毒武器进行招标,并签订了55亿美元的合同。该研究主要研究如何将"病毒源"固化在出口的计算机及相关设备上。一旦使用了这些设备的国家与美国发生冲突,美国随时可以远程(通过互联网或无线电等方式)激活这些病毒,并使病毒通过网络传播到该国的各种网络系统,使整个网络陷于瘫痪。

军队的组织结构和兵员成分将发生重大变化。由于网络和信息系统的运用,军队也呈现如同企业一样的"扁平化"趋势,首脑机关和末端的实时信息共享成为现实。为与网络战相适应,军队会出现更多的不穿军装的、拥有博士头衔的"网络战士",他们是手握键盘和鼠标的"特种部队"。

人民战争有了新打法。在网络战争时代,非军事人员参与战争的方式方法也与传统的人民战争迥然有别。网络的普及性和低门槛使得任何拥有计算机并连上互联网的普通民众,足不出户就能够成为驰骋"网络沙场"的"网络战士",在"网络战争"中,"兵"与"民"之间的界限越发模糊。

从战争形态上来看,"网络战"与传统战争最主要的区别就是可以整合更广泛的战争资源。传统战争模式下所划分出的战略、战区、战场、战士等层面之间的边界变得模糊。战争表现的方式也由兵力与兵力的对抗转变为体系与体系的对抗。

"网络战"所产生的巨大破坏力,从某种意义上看,甚至比核武器更甚。"网络战"一旦全面展开,失败的一方有可能遭受国民经济全面崩溃的危险。核武器之所以令人畏惧,不仅是由于它的杀伤力,更是因为它可以产生巨大的心理震撼效果。"网络战"也同样可击溃敌人的战斗精神和意志。核武器一旦使用之后,战争后果具有不可控性,"网络战"也是如此,像计算机病毒之类的作战武器在释放之后,将无法控制,不但会摧垮对手,也极有可能伤及自身,具有明显的"双刃剑"效应。

## 二、互联网与国家经济信息安全

### (一)互联网基础设施与国家经济信息安全

当今世界主要国家都将互联网作为进行正常经济互动的主要平台之一。如果一个国家核心网络,如金融、商贸、交通、通信等系统因被攻击、遭遇故障或自然灾害而瘫痪,那么建立在之上的经济体系必然随之崩溃,其损失之大并不亚于一场战争。例如,2009年12月《华尔街日报》披露,美国联邦调查局正调查一宗针对花旗集团的网络攻击案,称黑客利用网上售价仅为40美元的"黑色能量"软件盗走了花旗集团数千万美元。

作为实体经济的载体,互联网已经成为许多国家国民经济的命脉。因此,在互联网时代,如果想保护本国经济的健康发展,首先要保护互联网的安全、稳定运行。近两年来,英国、俄罗斯、法国、日本等国家也看到了互联网对国家经济安全的重要作用,纷纷出台政策和法律,保障、维护互联网安全,为国家经济发展打好坚实基础。俄罗斯从1995年起,就把网络安全纳入国家安全范畴。目前,信息网络安全已纳入俄罗斯国家安全战略,俄罗斯总统普京强调:"信息资源和信息基础设施已经成为争夺世界领先地位的舞台,未来的政治和经济将取决于信息资源。因此，解决这方面的问题，对国家的前途、国家利益和国家安全至关重要。"

但是，将互联网安全纳入国家安全的战略考虑，并通过制度和法律来保护互联网的稳定运行依然无法保证互联网信息的绝对安全，因为互联网赖以运行的硬件和软件基本上是清一色的"美国货"：硬盘来自希捷、CPU来自英特尔、交换机来自思科、服务器来自IBM和惠普、操作系统和办公软件来自微软（Windows操作系统和Office系列办公软件基本垄断了全球市场）、数据库来自甲骨文、微软和IBM。这些产品的核心技术都掌握在美国手里。这些产品非常复杂，封装在硬件和软件里面的具体内容他国也无从知晓，这就为这些硬件和软件的制造商提供了巨大的运作空间。美国早已默认，在英特尔的处理器、思科的交换机甚至惠普的打印机的芯片中，都嵌入了美国中央情报局的"后门"软件；而互联网上使用的美国软件到底有多少"后门"，也只有软件生产厂商和美国中央情报局才知道。因此，在互联网时代，对于美国而言，其他国家基于互联网的经济运行系统基本上没有多少信息安全的空间。

进入21世纪以后，美国将信息技术的应用又推向深入，进一步加强其对其他国家经济信息的控制，"智慧地球"（Smart Earth）就是美国全球信息战略中的重要一环。

所谓"智慧地球"，就是强调IT技术与社会的融合，把IT技术充分运用到社会生产生活的各个领域，把感应器嵌入地球每个角落的公路、铁路、隧道、桥梁、大坝、管道、电网等建筑和设施中，通过互联网彼此相连成物联网，再通过云计算对物联网进行智能管控，实现人类社会与物理系统的高度整合。简而言之，"智慧地球"是互联网与物联网的融合。

奥巴马认为，"智慧地球"与克林顿的"信息高速公路"战略同等重要，并把"智慧地球"上升为美国国家战略，作为美国全球战略的重要组成部分。他认为，"智慧地球"是刺激美国经济全面复苏，振兴美国经济、确立未来竞争优势的关键所在，将带动美国工业向智能化飞跃，为美国高附加值产品向全球输出提供了必要条件，进一步强化了美国的技术优势及对全球经济和政治的掌控。"智慧地球"战略对维护美国霸权、强化控制世界，具有非常重要的战略意义。从近期来看，美国掌握了支撑"智慧地球"的几乎所有核心技术，在全球具有先发优势，通过全球推广"智慧地球"系统可以获得巨额经济利益。从远期来看，"智慧地球"在全球部署完毕之际，就是美国控制全球之时，因为到那时，美国可以随时截取各国智慧系统运行过程中的所有信息和数据，测量和控制地球上每一个物品的状况，跟踪和影响世界上每一个人的言行。

"智慧地球"是面向整个世界的全球战略，"毫无疑问，这就是美国在21世纪保持和夺回竞争优势的方式。美国已在全球50多个国家布局"智慧地球"战略。无论是食品安全、制造业和医疗卫生，还是交通、能源和公共事业等领域，都能看到"智慧地球"的应用。从布里斯班、伦敦、新加坡、斯德哥尔摩的智能化交通系统，到香港智慧铁路，表明"智慧地球"已然全球落地。

"智慧地球"是由互联网、物联网组成的智能科学系统，其基础是物联网，核心是云计算。在该系统中物与物相连的物联网负责传感信息，由云计算对这些信息进行即时处理。物联网的核心是感应和控制技术，云计算的关键是计算和存储技术。这些关键领域的核心技术，都是由美国掌控的。美国不仅拥有物联网、云计算等高端技术专利，还拥有一批具有全球影响力的科技企业。美国把这些核心技术和科技企业，作为实施"智慧地球"全球战略的重要工具。迄今，全球真正有实力建设物联网、提供云计算的科技企业，只有美国IBM、微软、谷歌等少数大型公司。其中IBM是全球最大的硬件、软件、IT服务器和IT融资供应商，是世界上最大的信息工业跨国公司，具备推进"智慧地球"实现的强大能力。不难想象，一个国家的"智慧地球"系统，如果不能做到自主控制，经济社会运行将面临极大风险。

在"智慧地球"空间，一切互联互通，信息无处不在，潜伏着各种威胁。物联网把地球上的所有物品连接起来智能管理，可以控制地球上的每一个物品；云计算把世界上的所有信息集中起来运算存储，可以控制世界上的每一条信息。可以说，谁控制了物联网、掌控了云计算，谁就掌握了"智慧地球"的控制权。作为"智慧地球"主导者的美国通过物联网、云计算等系统，可以随时随地感知、测量和捕获各个智慧系统运行的所有信息，实时监控一切事物。通过操控"智慧地球"，美国可以将各国政府、非政府组织及公民个人电子设备系统中储存的分散信息与数据集中起来进行分析，实时获知各国经济社会活动状况。

美国在"智慧地球"运行的关键电子元器件、基础软件、操作系统、骨干路由、数据库系统、大型存储设备等方面，都占据全球垄断地位。不难预见，日益广泛运用的物联网、云计算等智慧系统，将使各种风险互相交织延伸，带来难以预料的安全问题。除美国以外的其他国家，尤其是发展中国家，以其现有的国家安全防护体系，很难有效应对各类风险叠加后的综合风险。因此，其他国家对此设想普遍持谨慎乐观态度，我国工业和信息化部软件与集成电路促进中心（CSIP）于2009年专门编撰了《IBM"智慧地球"的认识和思考》。其中对IBM公司的计划进行了有针对性的分析后指出，当全世界互联成一个超级系统时，"系统安全性将直接关系到国家安全"。

### （二）互联网信息与国家经济信息安全

信息在互联网时代发生了质的改变。通过互联网传播的信息无论是从数量还是传输速度上都发生了指数级的增加，由此而造成的社会影响在速度和范围上也呈指数级增加。因此，任何一个细小的声音都有可能通过互联网的传播在短时间内引起社会的巨大反响。而由于互联网具有隐蔽性，有些虚假信息通过一定的包装后能够得到大量网民的相信，如果再配合某些特定社会背景和人们的心理，一条虚假的网络信息可能就会引发局部甚至是全面的经济动荡。例如，2009年底互联网上出现了四川某地农民大量返乡的消息，并配有照片，由于当时我国正值一个阶段性的经济低谷期，一些网民在未核实信息的真实性的情况下即大量跟帖，给人们造成了经济危机已经开始显现的错觉，致使许多群众到当地银行提取了大量现金，造成了部分地区货币市场紊乱。后经查实，这些图片其实是2008年春节前夕，由于我国南方部分地区遭遇冰雪灾害，造成铁路中断后，一些农民工在返乡途中受阻的图片。

互联网通信是通过协议进行的，通信双方不会见面，具有虚拟性和隐蔽性。这种虚拟性和隐蔽性成为经济犯罪的温床，使网络诈骗、垃圾邮件等成为不法分子获得非法经济利益的主要手段。

从互联网发展至今，世界各国均发生过多起互联网经济诈骗事件。造成互联网经济诈骗的原因是多方面的。从客观方面来讲，互联网所使用的TCP/IP技术存在缺陷，给犯罪分子以可乘之机；从主观方面来讲，由于犯罪分子手段多样，且不断翻新，而受害者又缺乏必要的警惕性（或者说是防不胜防），因此互联网诈骗不论是在金额还是在数量上都呈连年递增的趋势。不法分子通过虚假邮件、虚假网站、虚假交易、虚假身份等手段获取不正当利益。据《洛杉矶时报》2010年3月15日报道，2009年美国网民因网络诈骗损失5.5亿美元，这一损失比2008年增加了1倍。有关工作人员表示："网络犯罪正在持续增长。这种犯罪既经济又快速，不法分子不必再去挨家挨户地敲门，现在通过网络，其就可以向100万个人发邮件，只要有极小部分人给不法分子汇钱，那他赚的都比一个工人辛苦一天赚的还多。"

垃圾邮件也是国家经济安全的一大威胁。数量庞大的垃圾邮件阻塞网络、加重服务器负担，也影响了人们的工作效率。根据美国颁布的《反垃圾邮件法》，如果发送人在邮件中留下有效的邮件回复地址，公司的有效地址以及相关主题，并为接收人提供拒绝选项，那么就是合法的广告宣传，发送数量可以不受限制，反之就是非法垃圾邮件。然而，由于发送垃圾邮件的门槛极低，在巨大的商业利益的诱惑下，自美国实施该法律以来，每年依然有巨量的垃圾邮件不断产生。现在，垃圾邮件已经发展成为一个规模可观、利润丰厚的地下行业，并得到有组织犯罪团伙的支持。例如，世界著名的"垃圾邮件大王"罗伯特·索洛韦16岁时就创立了"纽波特互联网销售"公司，开始从事互联网广告销售。在过去10多年里，他通过出售垃圾邮件软件套装，帮客户发送广告邮件，或出售用户邮件地址就赚了数千万美元。2006年5月31日，索洛韦被美国警方逮捕，他面临垃圾邮件欺诈、网络欺诈等35项指控，最高可判65年监禁。不过，索洛韦只是庞大垃圾邮件产业链的一环，即便他被判入狱，网上的垃圾邮件也不会大幅减少。

同时，由于很多经济信息存储在连接到互联网的计算机和服务器上，因此这些计算机和服务器不断成为众多不法分子的攻击对象。在互联网最发达的美国，很多公司都把自己的产品研发信息、财务信息、供应商信息等机密信息储存在计算机里，这些信息被黑客通过互联网窃走后，不仅公司的生产、服务等正常业务运营遭受影响，知识产权、供应商利益等也会遭受侵害，从而导致公司核心竞争力下降。据统计，截至2017年，美国通过网络途径被盗的知识产权价值高达1万亿美元。

因此，互联网上的信息，既可能成为"始作俑者"，也有可能成为"受害者"，但最终受到威胁的都是国家安全。

## 第二节 理性主义视角下的国家信息安全观

国家信息安全是国家安全的重要组成部分，随着网络技术的不断普及和深入，其重要性也不断提高。自20世纪90年代以来，国家信息安全逐渐成为国家安全宏观研究领域的一个新的研究热点。从层次上来看，对国家信息安全的研究分为三个层次。第一个层次是微观领域，主要关注具体的信息安全技术方面的研究，属于计算机科学、信息科学等工学和理学的研究范畴；第二个层次是中观领域，主要集中于具体的信息安全管理机制方面的研究，属于管理学范畴；第三个层次是宏观领域，主要关注国家信息安全体系构建、战略形成和国际合作机制方面的研究，属于国际关系学、国际政治学、国际法学的范畴。国家信息安全属于国家安全的理论范畴，而"安全"是国际政治和国际关系中最重要，也是最古老的研究课题之一，因此从古至今，很多哲学家、军事家、战略家等对于"安全"（或者说"国家安全"）都有不同程度的论述。但是，由于缺乏统一的理论体系，在相当长的历史时期内，人们对于"国家安全"的各种论述和观点散落于哲学、历史学、军事学、政治学等各领域的学术著作之中，缺乏对"国家安全"的体系化的论述。进入20世纪，在西方国家，特别是美国，许多学者开始将安全问题从国际政治研究中分离出来，作为国际政治学的一个次领域。在对国家安全的研究中，现实主义和自由主义长期占据着主导地位，二者又合称为理性主义。现实主义对于"以实力谋求安全"和自由主义对于"以制度维护安全"都有系统化的论述。由于理性主义盛行于20世纪90年代以前，而对于国际政治领域的国家信息安全问题的研究却是在20世纪90年代之后才兴起的，所以并没有学者将现实主义、新现实主义和新自由主义的国家安全观直接应用于国家信息安全的理论分析之中。但是，借用理性主义的相关观点来分析国家信息安全问题依然有其重要的学术价值。

## 一、现实主义视角下的国家信息安全

在国家安全研究领域，长期占据主流地位的是现实主义国家安全观。现实主义认为，主权国家是国际关系中的主要行为体，是安全的指示物，在这里安全主要是指国家安全。在任何情况下，主权国家都要求对内享有最高的政治权威，对外享有平等和主权，这就决定了主权国家在任何情况下都会将维护自身的最大利益作为其最高政治原则。主权国家希望完全按照自己的意愿来行事，不到迫不得已的情况，它不会接受任何的外来干涉。这样一来，在国际关系体系中，每个主权国家都会以本国利益最大化作为考虑问题的标准，也会以本国的利益最大化作为行动的出发点，并按本国政府的意志来处理国际事务。而国际社会中的大部分利益是排他的，因此主权国家之间的冲突成为结构性问题，无法避免。

由于在国际社会中缺乏凌驾于国家之上的世界级的管理机构，因此无政府状态是国际体系的本质。在这种无政府状态下，各国只能选择"自保"，即各国只有紧紧地把握本国的利益才能够维持生存。可是，由于资源的稀缺性，国家之间由于争夺资源而引起的竞争与冲突就在所难免。以此推断，在无政府的国际体系中，任何一个主权国家的存在都是对其他国家的威胁，所谓的国家安全只能是相对安全，不存在绝对安全。由于冲突成为无政府状态下国际社会的普遍情况，因此各国生存的首要任务和根本目标就是保护国家安全，免遭对手侵犯。维护国家安全主要包括保护本国的领土、政权和公民免受外来侵犯，获得必要的资源以延续生存，延续本国的文化和价值观。

现实主义国家安全观有四个核心命题。首先，从国家安全的行为主体而言，由于没有可靠的超国家行为体为各国提供安全保障，因此国家安全只能"自助"，即国家自身就是保护其安全的唯一力量，其要保护的国家安全的内容包括国家主权、独立和领土完整等；其次，就安全威胁的来源而言，对国家安全的威胁主要来自其他国家，尤其是邻近国家（主要由于交通工具的限制），或者是具有追求超地区权力的野心和能力的大国；再次，就"威胁"的本质而言，它所指的是由对手所拥有或显示出来的进攻性军事能力，但是在很多情况下，对对手的能力是用来"进攻"还是"防御"相关国家是无法做出明确区分的，因而对手的军事强化往往被认为是潜在的威胁，这样军事安全就成了国家安全最核心的问题；最后，就维护国家安全的手段而言，对这种军事威胁的最直接、最有效的应对也只能是增强军事能力，通过军事动员、武力展示、军事警告、建立军事联盟等来阻吓对手。哈佛大学的斯蒂芬·沃尔特教授就认为"安全研究可以被定义为研究军事力量的威胁、使用和控制"。

按照现实主义的逻辑，一国要实现安全，就必须消除由于别国的存在所带来的威胁。若要消除这种威胁，就必须获得比其他国家更大的权力或能力，这种权力或能力最重要的体现就是国家的军事力量。因此，国家安全的最可靠的保证就是强有力的军事实力，一国在国家安全方面所需做的最重要的事就是尽可能地增强自己的军事实力。军事力量是国家安全中的决定性因素，经济等其他因素只有在与军事因素相关联的时候才变得重要。例如，强有力的经济力量是决定一个国家能建立并维持怎样的军事能力的因素；地理环境是决定一个国家有多少可用于军事能力的自然资源，以及国家是否具有军事脆弱性的因素；政府形式是决定国家是否具有军事动员能力的因素；政治领导是决定国家能否适当与明智地使用军事力量的因素。总之，现实主义安全观的中心就是国家怎样使用军事力量，以及国家应怎样应对军事竞争所导致的不安全的基本来源。

英国政治家托马斯·霍布斯指出，国家的建立就是为了捍卫人民"免遭外来者的伤害"。他认为，由于最高主权者具有独立地位，因此始终是互相猜忌的，并保持着斗剑的状态和姿势，他们的武器指向对方，他们的目光互相注视。如果一个国家的政权不能承担其维护国家安全的职责，那么其合法性就会受到质疑，也会失去民众的拥护。

现实主义者不相信盟约的作用。现实主义者认为，人的天性是"恶"，人始终以追求利益和权力的最大化为目的，一国可以通过与他国结盟或维持均势等方式，增强自身的实力，从而获得安全。在安全与权力之间，现实主义者更重视权力。现实主义大师爱德华·卡尔和汉斯·摩根索从权力政治的角度出发，认为安全与权力、利益及实力是相互联系的，"理性"的政治家总是孜孜不倦地积累更多的权力。爱德华·卡尔认为，从人的理性中不再可能推导出追求整个世界的福利最大化也就是追求每个国家的福利最大化；相反，理性会告诉人们，只有使自己国家的福利最大化才有可能使整个世界的福利最大化。而汉斯·摩根索则进一步发展了现实主义的权力政治的观点，着重研究了行为个体追求安全利益时组成联盟的形式。他认为："历史表明了一条普遍性的结论，人们虽然常常假定盟约永久有效……但其实它们的有效时间不可能超过它们所要取得的共同利益的结合所持续的时间，这种结合通常都是很不稳定的、稍纵即逝的。联盟多是短命的，这是一条规律。"

新现实主义对传统现实主义的国家安全观进行了修正和补充。虽然新现实主义也强调军事实力的重要性，但新现实主义更重视国家安全中的非军事因素和追求国家安全的非军事化手段。新现实主义以国际无政府状态为出发点，认为在国家安全中，不仅要考虑安全利益，还要考虑非安全利益，要通过维持结构的稳定来达到国家安全这一最高目标。在一种无政府状态中，安全是最高的目标。只有在生存得到了保障的情况下，国家才会去追求诸如宁静、财富和权力之类的其他目标。戴维·鲍德温也指出："在国际政治理论中，最重视安全研究的是新现实主义，它认为安全是国家的首要动机和目标。"

与现实主义把权力视为目的不同，新现实主义认为权力只是"一种可能使用的手段，国家拥有太大或太小的权力，都存在风险……在最重要关头，国家最终关心的并不是权力，而是安全"。由于权力只是手段，国家的最终目标是安全，因此如果追求更大的权力可能冒不安全的风险，国家就可能选择谈判而不是战斗。以此看来，新现实主义已经在一定程度上认可了国际合作。对于新现实主义者来说，国际政治的特征未必就是无休止的冲突与战争，在国家之间是存在受制于安全竞争逻辑的有限合作的。

对于国际合作的结果，新现实主义者最关心国家的相对所得。新现实主义者认为，各方在合作中的绝对所得并不重要，重要的是相对所得。一国在国际合作中最担心的就是合作者对其进行欺骗，从而获得更大的相对收益，使得自己处于不利地位。在国际军控问题上的合作就是如此。如果合作中的一方进行了欺骗，原有的军事力量平衡就会被打破，双方的军事力量差距迅速扩大，使未实施欺骗的一方将处于极其危险的境地。

显然，虽然新现实主义向国际合作方面迈出了一小步，但在对国际社会

"缺乏信任、充满误解"这一基本判断上，新现实主义和传统现实主义并无二致。按照现实主义对安全关系的看法，由于各国都不知道自己的"邻居们"的真正意图，因此只能处于一种持续的紧张状态。在这种情况下，各个国家不知道自己为安全采取行动的后果是什么。各个国家为安全采取行动通常可以有两种选择，一是增强自己的力量，二是削弱自己的力量。国家增强自己力量如果对别国产生了威慑作用，使之减少了敌意，那就会使自己更安全；但如果产生了挑衅作用，使之增加了敌意，则会使自己更不安全。与此相类似，国家削弱自己的力量如果产生和解作用，使对方减少敌意，就会使自己更安全；相反，如果产生引诱作用，使对方增加敌意，那就会使自己更不安全。因此，不论国家采取何种战略，都要冒某种风险。

20世纪50年代，美国学者约翰·赫茨提出了安全困境的概念，用来描述国家在安全问题上的两难抉择。1959年，赫茨在其撰写的《原子时代的国际政治》一书中系统地阐述了安全困境对国际政治的影响。赫茨认为："安全困境或权力与安全困境是一种社会状态，在这样的状态中，当权力单元（比如在国际关系中的国家或民族国家）比肩共存时会发现不存在凌驾于它们之上，能规范其行为和保护其免受攻击的权威。在这样的条件下，从相互怀疑和相互恐惧而来的不安全感迫使这些单元为寻找更多的安全而进行权力竞争，由于完全的安全始终无法最终求得，这样的竞争只能导致自己失败。"他认为，安全困境是一个结构性观念，按照这种观念，国家追求自己安全的意图会增大其他国家的不安全感，因为每一方都把自己的措施解释为防御性，而把另一方的措施解释为可能的威胁。赫茨提出的安全困境与英国政治学家赫伯特·巴特菲尔德提出的霍布斯恐惧困境有异曲同工之妙。这些困境核心的问题是国家间的恐惧感和不信任感。巴特菲尔德指出，在这样一种局面下，某国会对其他国家有现实的恐惧感，别国也会对该国有同样的恐惧。也许某国对别国根本无伤害之意，做的只是一些平常的事情，但该国也无法使别国真正相信其意图。该国也无法理解别国为什么会如此的敏感。反之亦然。在这种情况下，双方都以为对方是有敌意的，无理性的，不可做出可使大家都获得安全的保证。军备竞赛的不断升级，就是这种状态的产物。德国的"铁血宰相"俾斯麦很形象地形容了这种现实主义式的国与国之间的紧张状态：国家之间的关系就像是在同一个车厢中的陌生人之间的关系一样，每个人都警惕地注视着其他人，当一个人把手放入口袋的时候，他旁边的人也准备好自己的左轮手枪，以便能够首先开火。研究冲突战略的学者谢林生动的将这种局面称之为"神经质模式"。

安全困境使得国际社会的安全进入了"恶性循环"。各国出于安全考虑将自己武装起来后，更感不安全，需要购买更多的武器，因为保护任何一国安全的手段都是对其他国家的威胁，而后者又转而武装起来作为对前者的反应。为了解开这个"死结"，以乔治·华盛顿大学的格拉瑟教授为代表的一些新现实主义者认为，对待国际关系要有新思维。与标准现实主义者相比，他们对国际合作持更为乐观的态度，提出了"以合作求安全"的观点。格拉瑟认为，在很多情况下敌手可以通过合作性政策而不是竞争性政策来实现他们的安全目标。他的理由有以下三点：第一，国际关系的特点并不一定意味着国家会受制于可能导致战争的永久性竞争，在有些情况下，国家可能更喜欢合作，通过合作减少战争危险和不稳定，对国家是有特别利益的；第二，国家追求合作所谋求的未必是相对利益，大体相等的所得往往是最好的情况；第三，合作中的"欺骗"会产生危险，但竞争同样会产生危险，与其冒竞争的风险还不如冒合作的风险。

还有一些新现实主义者又往前迈了一步，他们认为如果能够进行更大的合作，安全困境是可以改良的。巴瑞·布赞教授就认为，自20世纪80年代以来，很多"成熟的"国家认识到，出于自己的安全考虑，在制定本国的政策时，也要顾及他国的安全利益。这表明很多国家已经认识到，在国际社会中，国家安全是相互依赖的，片面强调单方面安全的政策最终会导致失败和不安全。还有些学者对于安全合作提出了进一步的设想，即使之制度化。美国国际政治学学者罗伯特·杰维斯认为"安全困境不能消除，而只能加以改良"，途径是寻求一种方法，对国家间的权力斗争施加某种规范性限制，使相关国家组成为安全体制。在这个体制中，各个国家认同一定的准则、规则、原则。这些规范性的东西可使加入其中的国家互惠互限。

从理论上来看，维护国家信息安全是获得国家安全的一种手段。在互联网时代，要想充分保障国家安全，就要建立完善的信息安全保障体系。国家信息安全保障体系需要信息网络、信息系统和信息设备的支持，并需要人员来开发、运行和维护这一体系。这些内容都属于现实主义者和新现实主义者所述的"实力"的范畴。一国会花巨资用于信息网络、信息系统以及信息设备的研发和制造，以获得信息安全优势，即信息安全方面的"实力"，但国家信息安全战略的根本目的并不是获得这些"实力"本身，而是保障国家安全。

在国家信息安全领域，存在"信息安全悖论"问题。即一国为了获得与对手相比的信息安全优势，往往会加大力度建设信息网络，添加信息网络安防系统和设备，但是随着网络的拓展、系统的扩充和设备的增加，信息安全漏洞也会随之增加，从而变得愈发不安全。

在国家信息安全领域，依然存在安全困境。一国加强本国信息安全的政策和行为往往会引起其他国家的警惕，并引发信息安全军备竞赛。例如，美国于 2009 年成立"网络战司令部"后，中国、俄罗斯、英国、伊朗等国家也纷纷成立了相应的部门以应对美国在网络战领域的挑战。2010 年，日本防卫省决定，在 2011 年度建立一支设置于自卫队指挥通信系统部之下的"网络空间防卫队"，负责收集和分析研究最新的病毒信息，并进行反黑客攻击训练，以加强防备黑客攻击，保护机密信息的能力，初期人数约 60 人。2011 年 5 月 25 日，中国国防部也证实，中国人民解放军原广州军区为了提高部队的网络安全防护水平，建立了"网络蓝军"。这是中国军方对外公开承认的第一支网络部队。

从实践方面来看，当前的世界各国政府在国家信息的政策制定和外交行为方面，一直体现着强烈的"现实主义"的思维逻辑。比如美国，美国是信息技术革命的发起国和互联网的起源国，美国在信息和网络技术水平以及网络覆盖率、带宽等网络基础设施建设方面，拥有世界上其他国家无法比拟的优势。为了打击对手，保障本国的信息及其网络的安全，从 1996 年开始，美国一方面通过发布《关键基础设施保护》《保护美国关键基础设施》《信息系统保护国家计划》《信息时代的关键基础设施保护》《保护网络空间的国家战略》《联邦网络空间安全及信息保护研究与发展计划》等一系列规定来强调对信息基础设施的保护；另一方面，通过设立"网络沙皇""网络战司令部"等专门部门和政府职位来强调网络进攻与协调的能力，并将网络进攻军事化，使得网络成为美军武器库中的一种新武器。这种"攻防结合"的战略规划充分体现了现实主义逻辑下对权力或实力的追求。

## 二、新自由主义视角下的国家信息安全

与现实主义和新现实主义主张以实力求安全不同，理性主义的另一个分支——新自由主义则更看重"国际制度"，认为国际机制和国际合作是应对国际社会的无政府状态，从而解决国家安全这一根本问题的有效手段。在无政府的国际社会中，国际规则及国际制度能够约束相关国家行为，实现国家间的合作，从而保障国家安全。

新自由主义者认为，如果没有国际组织的协调和国际机制的约束，就不能建立和平的国际秩序。随着科技和经济的发展，一方面大规模杀伤性武器增加了发动战争的代价；另一方面国际经济相互依赖的日益加深增加了国家间进行合作的收益。在这两方面的作用下，国家之间更倾向于选择合作而不是对抗。与此同时，国际上的各种政府间组织及非政府组织的不断建立，使

各种小范围内的国际规则得到确立,这些组织和规则为国家之间实现普遍合作奠定了基础,也提供了渠道。因此,新自由主义者认为,整个国际体系,无论是从结构还是到性质,都在发生改变。

自由制度主义认为,在当前的国际社会中,各国间经济交往的不断深入使得国家间的相互依赖不断加深,国际机制将取代权力和利益等传统的国家安全概念,成为国际社会的主要趋势。在冷战后的国际关系格局中,尽管存在一个世界性的霸权国家,但其从20世纪70年代以后就开始衰落,当前与其说是在霸权主导下的和平,还不如说是以霸权为基础的国际机制主导下的和平。

在无政府的国际社会大环境下,现实主义强调"自己",而新自由主义强调通过建立国际机制达到共同安全。新自由主义的代表人物罗伯特·基欧汉和约瑟夫·奈提出了"复合相互依存"的理论。该理论提出了一种新型的国家安全关系。按照该理论的逻辑,随着经济全球化与世界经济一体化的加深,各国在经济上的合作日益普遍和深化,各国的经济利益日益融合,国家之间的相互依存也越来越深化。这种日益深化的相互依存关系,深刻地改变了国际关系的性质,使得在国家安全方面的国际合作日益成为可能。因此,新自由主义者认为经济合作可以促进国家安全,无障碍的思想交流和商品交易有助于加强国家间联系,消除偏见和误解,增强了解和信任。因此,新自由主义者主张取消国家之间的资本、人员及物品交流的一切障碍。这样一来,趋同就可以取代分歧,国家间的误会可以得到减少,国际冲突也就能得到和平解决,最终使得国家更加安全。

新自由主义学者基欧汉和马丁·怀特认为,国际制度能够提供信息、建立协调机制、降低交易成本,使合作的各方获得收益。尽管制度不能阻止战争的发生,但有助于减少对欺骗的恐惧,并且能减轻因合作中所得不平等而产生的恐惧。总之,基于互惠基础运作的国际制度,至少是可持续和平的重要组成部分。

新自由主义者也探讨了合作所得的问题,他们认为一国与其他国家进行合作时,确实存在相对所得,不过其中有两个问题需要探讨,一个问题是在什么样的情况下提出相对所得才有意义;另一个问题是当相对所得会导致危险时,制度会有什么样的作用和影响。按照新自由主义的观点,相对所得的重要性由两个条件决定。一个条件是体系中主要行为体的数量,如果体系中只有两个利益相冲突的国家,那么相对所得就极其重要,而且合作也将会变得很困难,但如果体系中有多个力量大致相等的国家,那么一国的相对所得就不是非常的重要,因为其他各国可以通过结盟的方式来保护自己;另一个条件是国家在军事上的政策和行为取向是攻击性的还是防御性的，如果在安全关系中军事力量几乎不可能被用来解决争端，发生战争的可能极小，那么有关相对所得的考虑就无关紧要，因为这种相对所得不会转变为军事优势，在这种情况下，国家间的安全合作就比较容易实现。

新自由主义者认为，国际制度的建立可以在一定程度上解决相对所得问题。基欧汉认为，国家是"理性"的，一国政府制定其国家政策遵循的是"理性选择"的逻辑。新自由主义认为新现实主义低估了国际合作的可能以及国际制度的能力，认为在无政府的国际体系中，合作是经常发生的现象。实际上，在任何可能的合作制度下，对于利益分配均存在着多样的选择余地，因此国家可以满足多种不同的偏好。通常，不同的国家在不同的问题上的相对所得有可能是不同的，一国在A问题上相对所得较多，另一国则有可能在B问题上相对所得较多。这样一来，通过国际制度所提供的协调机制，国家就可以通过利益权衡和利益交换平衡其所得，使合作达到一种稳定状态。在利益多样化和权力分散化的国际社会中，国家间的制度化合作可以为更大范围内的国际安全提供条件。国际合作制度可以在一定程度上为合作的各方提供其他方的信息，如果一国在合作中得到了不合理的或是令人担忧的相对所得，那么其他国家就可以得到警示，在制度的框架内就可以减少这种不平衡。新自由主义者强调的是国家的绝对收益，即只考虑本国在合作中是否得益，而不关心本国的得益与别人相比是多还是少，这与新现实主义者强调的相对获益是不同的。

新自由主义者认为，经济全球化造成国家之间的相互依赖加深，民族国家安全主体的绝对地位受到挑战，军事安全不再是国家安全的唯一目标，安全主体呈现多元化的趋势。在全球化时代，国与国之间结成了错综复杂的利益和安全网络，单个国家已无法凭借自己的实力获得绝对的安全，真正的安全来自制度化的国际合作。国家只是获得安全的手段而不是目的。与外部威胁相比，国家政权更有可能成为公民人身安全和社会福利的直接威胁。以此逻辑推断，民族国家不再是安全的唯一主体，安全主体还包括了民众和国际社会。在国际关系趋于缓和、经济全球化的时代，军事威胁已降至次要地位。拥有强大武力的国家非但不能给国际社会带来稳定，反而会危及和平，因为过强的军事力量会破坏国际规则，从而危害和平。

此外，新自由主义的"民主和平"论者还认为，安全与国家民主状况之间存在关联。该理论认为，单位层次上的民主政治结构与和平之间存在因果关系，由于民主国家内部公众舆论和政治结构的监督与平衡作用对政府决策的制约，以及民主国家之间拥有共同价值观、互相尊重与合作等特点，民主国家之间不会发生战争。但非民主国家没有这些限制因素，因此非民主国家比民主国家对安全的威胁更大。

由于互联网的全球分布性及互联网信息的全球流动性，对于国家信息安全的保障，就更需要来自全球的合作。在当前国家间相互依赖不断加深的信息化时代，平等、公正的国际信息安全制度可以为国家信息安全提供较为有力的保护。理论上虽然如此，但是在信息安全的国际实践方面，由于旧有国际体系的束缚、旧有国家安全观念的影响以及国家与国家间"信息鸿沟"的客观存在，因此在国际层面上，至今仍然没有体系化的信息安全合作范例。

## 第三节 系统论和建构主义在国家信息安全战略中的应用

美国政治学家汉斯·摩根索在其《国家间政治》一书中提出了"现实主义六原则"，其中第六个原则是国际政治是一个相对独立的领域，需要有自己的理论和方法。因此，在国际关系中所研究的"国际体系"也就是"国际系统"。而所谓的系统是由两个或两个以上的有机部分互相联系、互相制约而构成的一个整体。构成体系的基本条件是组成部分不可分割的相互依存和相互作用。体系可以是有松散联系的组织系统，也可以是具有严密规则约束的法定的组织系统。体系包括不同层次的子系统，各层次的子系统也具有相对的独立性。国际政治体系是国际政治行为体之间通过国际关系的相互作用而形成的既对立、又统一的有机系统。这个系统按照范围来划分，分为全球系统、国家内部系统和国家外部系统；按照国家之间的关系性质分，可以分为经济关系系统、政治关系系统、军事关系系统。无论如何划分，在系统内部的各部分之间和不同的系统之间均存在信息的交换问题。

### 一、系统论及其在国际关系研究中的应用

20世纪20至30年代，美籍奥地利理论生物学家贝塔朗菲对于当时用"机械论"和"活力论"来解释生命现象的看法提出了质疑，并提出了"有机体"的学说，并创立了生物系统论。到了20世纪40年代，贝塔朗菲把这种系统思想进行一般化，创立了"一般系统论"。"一般系统论"具有普适性，

因此逐渐引起了人们的重视，并被逐步引入各学科研究当中，为人类提供了观察世界和解释世界的新途径。1968年3月，贝塔朗菲出版了《一般系统论：基础、发展和应用》一书，全面阐述了系统论的思想。系统论认为，系统"广泛存在于自然界、人类社会和人类思维中"，并且整体性、关联性、等级结构性、动态平衡性、时序性等是所有系统的共同的基本特征。系统论不仅是反映客观规律的科学理论，也具有科学方法论的含义，因此在社会科学领域，系统论也得到了广泛的应用。但是，比起自然科学，社会科学的研究对象更具有复杂性，因此学者们对于系统科学所能够达到的效果一直存有争议。虽然争议一直存在，但在实际的研究当中，系统论的思想和方法已经被从事社会学研究的学者广泛应用到各个学科之中。

系统论的核心思想是系统的整体观念。贝塔朗菲强调，任何系统都是一个有机的整体，它不是各个部分的机械组合或简单相加，系统的整体功能是各要素在孤立状态下所没有的性质。贝塔朗菲用亚里士多德的"整体大于部分之和"的名言来说明系统的整体性，反对那种认为要素性能好，整体性能一定好，以局部说明整体的机械论的观点。同时认为，系统中各要素不是孤立存在的，每个要素在系统中都处于一定的位置上，起着特定的作用。要素之间相互关联，构成了一个不可分割的整体。要素是整体中的要素，如果将要素从系统整体中割离出来，它将失去要素的作用。正如人手在人体中是劳动的器官，一旦将手从人体中分离，那时它将不再是劳动的器官了一样。

系统论的基本思想方法，就是把所研究和处理的对象，当作一个系统，分析系统的结构和功能，研究系统、要素、环境三者的相互关系和变动的规律性，并优化系统观点看问题。世界上任何事物都可以看成是一个系统，系统是普遍存在的。大至渺茫的宇宙，小至微观的原子，一粒种子、一群蜜蜂、一台机器、一个工厂、一个学生团体等都是系统，整个世界就是系统的集合。

系统是多种多样的，可以根据不同的原则和情况来划分系统的类型。按人类干预的情况可划分自然系统、人工系统；按学科领域就可分成自然系统、社会系统和思维系统；按范围划分则有宏观系统、微观系统；按与环境的关系划分就有开放系统、封闭系统、孤立系统；按状态划分就有平衡系统、非平衡系统、近平衡系统、远平衡系统等。此外还有大系统、小系统的相对区别。

广义的系统科学指的是包括系统论、控制论和信息论在内的一个相互有关的科学群，系统论、控制论和信息论之间既有区别，又有联系，还相互渗透。信息论是研究系统中各要素的信息传输、交换问题，还有信息的反馈控制问题的理论。这些问题中既有系统问题，也有控制问题。系统论研究的任何系统都离不开信息，信息是系统的重要特征。系统内部和系统之间，除了物质与能量交换外，更重要的还有信息交换。系统有可控制系统与不可控制系统。控制论研究的可控制系统是靠信息去进行控制的。广义系统论揭示了无机界和有机界的普遍联系和共同规律，促进了科学向综合化，整体化的发展趋势，促进了科学转向人体、思维、社会这些复杂领域的更深入的研究。

## 二、建构主义视角下的国家信息安全观

### （一）国家安全不是客观存在的事务

建构主义者认为，理性主义所讲的"自己"并非是无政府的国际政治体系结构中的唯一逻辑，同样存在体系结构中的还有"他助"逻辑。国际政治体系的性质最终是"自己"还是"他助"取决于该体系中行为体的身份和认同。主权国家作为国际政治体系中最主要的行为体，其国家安全取决于该国的角色身份。如果体系成员之间的身份是"敌人"，那么行为体的存在和安全就会成为最重要的问题，各行为体只能依靠自己的力量才能获得安全，此时国际政治体系的无政府状态才表现为"自己"。但是如果体系成员之间的身份是"朋友"，行为体之间就不存在对安全威胁的担忧，并会形成安全共同体，此时国际政治体系的无政府状态就表现为"他助"。不过，行为体的角色身份并不是如现实主义者所理解的那样是既定不变的，而是在相互的影响中不断发生改变的。据此，建构主义者认为，国家安全的内容既不是客观的，也不是主观的，而是主体间的。国家安全因行为体观念的变化而变化，这种变化是在互动过程中发生的。"国家要抗衡的是威胁，而不是权力，如果他国与自己的安全利益一致，那就不会视他国为军事威胁"。行为体是否感到安全在于其是否和他国建立了集体认同。

因此，建构主义者认为所谓的无政府逻辑其实根本就不存在，利己性并不是国家的天性。虽然国家易于接受利己的身份，但这种身份并非国家天生就具有的，而是国家在互动的过程中确立的。行为体在互动的实践过程中，通过文化选择的方式建立起了主体性的意义。不同的主体性的意义造就了不同的体系特征。"自己"并非无政府状态的逻辑特性，而是制度特性。建构主义者指出"无政府状态是一个空的容器"，"没有内在的意义"，"使无政府状态产生意义的是居于其中的人以及他们之间的关系结构"。

建构主义强调社会建构对国家行为和国际关系的影响。建构主义者认为，在物质世界之外，还存在一个意义与知识的世界，这个世界包含了行为

者对其周围世界的解释和理解。这个世界是一个主体间意识相互联系的世界，这个世界是由共有的知识组成的。共有的知识是指行为体共同具有的理解与期望，其能够建构行为体的身份认同和利益。在安全关系的问题上，如果行为体之间互相猜疑，各行为体总是对对方做出最坏的估计，那么双方就会形成相互威胁的关系，就会形成所谓的安全困境。反之，如果行为体之间的共有认知使其建立了高度的互信，那么行为体就会倾向采取和平的方式解决它们之间的问题，就会形成所谓的安全共同体。正如建构主义者所言："国家对待敌人的行动与其对待朋友的行动是不一样的，因为敌人是一种威胁，而朋友不是。"因此，从某种意义上来说，国家利益是由行动者的角色身份来决定的。但是，国家的角色身份并不是如同现实主义所定义的那样是既定不变的，而是在互动的过程中不断发生改变的。客观的国家利益不仅仅是指导国家行动的规范性原则，而且是具有因果意义的、促使国家采取某种行动的力量，部分的是由于国家有着某些安全需求（客观利益），因此才会确定自己的主观利益。国际政治体系的特征取决于国家之间所持有的信念和期望，国家利益是主体间性的。

作为科技发展产物的互联网在世界范围内得到普及。美国对互联网在不同国家普及的态度反映了其对不同文化认同与否的态度。在美国及其盟国的普及，美国视其为推动经济腾飞和社会发展的利好；而当互联网在其所谓的"专制国家""流氓国家"开始普及的时候，美国要么视其为对美国信息安全的"威胁"，要么视其为"推翻专制暴政"的工具。甚至有美国官员公开宣称，美国正在积极研发的网络战武器，主要就是针对中国等"专制国家"以及俄罗斯这样的"潜在对手"国家可能发动的大规模网络攻击。

## （二）国家安全是个体安全和集体安全的统一体

建构主义者认为，在社会规范和认同的作用下，国家的行为也有可能是利他的。朋友之间的无政府状态与敌人之间的无政府状态其意义和结果是不同的。敌人之间的无政府状态是一种自己体系，而朋友之间的无政府状态则是一种集体安全体系。康奈尔大学的彼得·卡赞斯坦教授认为："正是认同的逻辑，而不是无政府状态的逻辑，对那样的国家被视为国家的潜在或现实威胁提供了最好的解释。"

芝加哥大学的亚历山大·温特教授提出了国际关系中的社会理论，对建构主义做了较为系统的阐述。温特从非竞争性及团结一致的角度解释了"安全共同体"及"集体安全"这两种国际关系领域的现象。在实施暴力的国家部门之间是非竞争性的对手,这些部门不使用暴力解决相互之间的争端,这一现象即被称之为"安全共同体"。此外,可以实施暴力的部门必须是团结的,每个部门把对其他部门的威胁视为是对自己的威胁,这样所有部门就会联合抵制威胁,这一现象就被称之为"集体安全"。温特认为有三种无政府"文化"。一是霍布斯文化,在这种文化中,国家的相互定位是"敌人";二是洛克文化,在这种文化中,国家的相互定位是"竞争对手";三是康德文化,在这种文化中,国家的相互定位是"朋友","朋友"之间相互承担义务,不使用暴力解决争端,相互帮助,其结果就是多元安全共同体与集体安全。

针对现实主义的安全困境,建构主义推崇"安全共同体"的概念。1957年,卡尔·多伊奇在其发表的《政治共同体与北大西洋地区》一文中,将"安全共同体"定义为"一群人已经凝聚到这样的程度:共同体的成员真正确信彼此之间不以武力相害,而是以其他的方式来解决争端","共同体的主要形式是多元安全共同体,这种共同体由主权国家组成,成员国间拥有共同制度、共同价值观、共同的共同体感。它们凝聚到了这样的程度:在相互间形成了对国际体系的和平变化产生了可依赖的预期"。

"安全共同体"的基础是一种政治关系,而非军事对抗关系,是一种以和平、多边的决策来保证安全的方式。在这样的共同体中,国家在法理上依旧享有主权,但是国家的主权、权威和合法性会随着"安全共同体"的情形变化而发生变化。一方面,尽管"安全共同体"没有侵蚀国家的合法性,也没有取代国家,但"安全共同体"的紧密程度与国家的功能成正比,相应的国家的作用也会有较大的变化;另一方面,作为共同体的一员,国家被赋予一定的权利、义务和责任,国家从共同体内获得了行动的合法性和权威,尽管这些国家对外部世界保留司法独立的地位,但只要国家的偏好在共同体的共同理解的范围内,这些国家就可以被视为是跨国共同体的行动者。

由各国互联网组成的国际互联网世界是既强调"个体安全",更强调"集体安全"的一个较为典型"安全共同体"。就如同一国对另一国发射核弹,自己也有可能被核尘埃所伤一个道理,一国对另一国发动的网络攻击也极其有可能伤及自己,例如在对方计算机网络散布病毒,这些病毒通过互联网极有可能又传回来伤害到本国安全;或对对手发动大规模网络攻击,本国的网络线路也有可能被阻塞等。同时,由于网络的开放性,一国国内网络出现的问题也可能会危害他国,例如如果一国对网络监管不严,网络诈骗、网络黑客横行,则这些行为也极有可能危害其他国家;一国如果爆发病毒,而控制不到位的话,这些病毒几乎可以肯定会通过互联网传入他国。因此,互联网世界是一个"安全共同体",需要"康德文化"来维系国际的合作。在网络世界,"个体安全"是"集体安全"的基础,"集体安全"是"个体安全"的保证。

## (三)文化在建构中的作用甚大

与理性主义强调物质在国际关系中的决定性作用不同,建构主义特别强调了文化在国际关系建构中的决定性作用,认为文化对国际关系有着十分重要的影响。卡赞斯坦认为:"国家安全是规范、文化与认同的结合,国家安全是通过规范、文化以及认同表现出来的,文化往往比物质更重要。"规范分为"构成性规范"与"规则性规范",前者表明了行为体的认同,规定了行为体的利益,后者则确定了合适行为的标准,塑造了政治行为体的利益,协调它们之间的行为。文化的范围很广,既可以指一套可评价的标准(通过规范和世界观),又通过一套认知的标准(如原则和模式)来定义一个体系中存在哪些社会主体,它们怎样运行,怎样相互联系。而认同则是一个简洁的标签,是用来描述行为者、民族和国家的建构过程。

建构主义者由此认为,共有文化是"安全共同体"形成的基础,影响着国际关系行为体的互动过程和建构结果。文化包括行为体对于其自己、行为体之间的关系以及它们同处的环境所持有的共有观念。积极的文化建构的观念和认同会形成积极、合作性的国际关系;消极的文化建构的观念和认同会形成消极、敌对性的国际关系。"共有观念产生于行动者的私有观念,即行动者在相互实践活动之前独自持有的观念。私有观念的互动会形成共有观念,一旦共有观念形成,就不能再还原到私有观念。"

建构主义者还认为,一国的外交行为是该国的文化在政治层面上的复制、转移和表达。无论是外交决策者还是实施者,都是在一定的文化环境中成长起来的,因此从某种意义上来说,文化决定了一国外交行为的基本内涵。从国家的角度来看,文化既是其制定政策的重要依据,也是一种权力的象征。文化影响着国家对外政策的目标和对外政策的手段。

约翰霍普金斯大学的弗朗西斯·福山教授强调了信任文化在国际关系建构中的重要意义。福山认为,国际关系中的"信任"代表了一定的国际认同,即文化。"它(信任)是一个群体的成员共同遵守的、例示的一套非正式价值观和行为规范,按照这一套价值观和规范,群体成员得以彼此合作";"能够产生社会资本的规范必须实质上包括一些美德,如讲真话,履行义务,互惠互利等";"这些规范在很大程度上与韦伯谈到的清教徒的价值观相重叠";"信任的作用像一种润滑剂,它使一个群体或组织的运作更有效率"。世界是多样的，文化也是多样的，在对待具体的国际问题时，同一个文化实体也常会因对象、时间、场合和利益驱动的不同而倾向于采取不同的做法。

美国在长期的发展中形成的崇尚自由、追求公平、重视人权的社会文化在互联网的发展过程中起到了重要作用。互联网所体现出的自由、平等、开放的特性也正是美国价值观所推崇的。因此，互联网在美国能够快速发展的原因，除了经济因素外，美国文化的作用也不容忽视。但是，互联网所带来的如此之严重的信息安全问题却是很多美国人始料不及的，一些曾参与互联网早期建设的美国专家现在已经在后悔将计算机网络这么快推向民用。

# 参考文献

[1] 马民虎. 互联网安全法 [M]. 西安：西安交通大学出版社，2003.

[2] 李斌. 网络政治学导论 [M]. 北京：中国社会科学出版社，2006.

[3] 燕金武. 网络信息政策研究 [M]. 北京：北京图书馆出版社，2006.

[4] 杜芸. 论如何有效应对网络信息安全问题所带来的威胁 [J]. 电脑知识与技术，2016（27）：18-19+22.

[5] 李华，胡菲. 网络信息安全的社会风险防控 [J]. 苏州市职业大学学报，2016（04）：15-18.

[6] 李浩然. 互联网信息安全问题的研究 [J]. 电脑迷，2016（10）：35.

[7] 任菊香. 不同视角下网络信息安全知识库的构建探讨 [J]. 办公自动化，2016（23）：31-32+35.

[8] 顾立强. 网络信息安全问题产生原因及应对措施分析 [J]. 无线互联科技，2017（02）：39-40.

[9] 陈鑫源. 基于大数据背景的信息安全与解决对策 [J]. 网络安全技术与应用，2016（11）：89+91.

[10] 本刊综合. 网络信息安全成为"两会"关注的重要话题 [J]. 保密工作，2017（03）：11-13.

[11] 王辉亮，苏涵淇，陈睿康. 我国网络信息安全的现状与对策 [J]. 中国战略新兴产业，2017（12）：121.

[12] 王彬蔚. 浅谈网络信息安全面临的问题和对策 [J]. 无线互联科技，2017（04）：24-25.

[13] 谢林. 浅析虚拟化实验环境下的网络信息安全实验 [J]. 网络安全技术与应用，2017（04）：182+189.